リー代数入門

—線形代数の続編として—

佐藤　肇　著

裳　華　房

INTRODUCTION TO LIE ALGEBRAS

by

HAJIME SATO

SHOKABO

TOKYO

はじめに

この小さな本の目的は，リー代数（リー環とも呼ばれる）の理論を，具体的に，たくさんの例を調べることにより，やさしく身につけて，手っとり早く応用できるようにすることである．リー代数といっても，特に古典型の複素数体上の半単純リー代数のみに限り，ルート，ウェイト，ディンキン図形，既約表現といった基本的概念だけが，自然に理解できるようにこころがけた．

いままでのリー代数の本，特に，数学者によって書かれた本は，厳密性を重んずるあまり，すべての定理に完璧な証明をつけてあり，さらに一般性を重んずるゆえに，必要以上の広いケースにも適用できるように書かれたものが多い．その結果，初めて学ぶものにとってまず大事な，もっとも単純な場合の基本的なアイディアが，目に見えなくなってしまう．

数学的思考法に慣れた読者のなかには，証明のない定理を述べられると，反発を感じる人が多いかもしれない．しかし，定理というものは，いにしえの学者が，いろいろな例に遭遇して，それらの経験から共通の性質を予想し，苦労してその後に証明を与えるという順序でできてくるものである．具体的な単純な例を知れば，そのしくみは，自ずと見えてくる．この本では，すでに知っているものにとっては明らかなことでも，やさしい例を提示し，その定理の意味を説明している．問にも，巻末に詳しい解答をつけた．

また，この本では，リー代数の定義を ある正方行列の集合として与えた．これも，必要以上の抽象化をさけるためである．すべての抽象的リー代数は，正方行列全体の部分空間と同型になるというアド（人名）の定理というもののおかげで，まったく一般的な定義と同値である．このように，すべての定義を，最も扱いやすい具体的なものにするようこころがけた．

初めてリー代数を学ぶものにとって，もっとも混乱をおこすのは，カルタン部分代数とその双対を，キリング形式という非退化な双線形形式により同一視することである．そのため，ルートが，そのどちらにあるのかはっきりしないまま，結局理解できないということになる．異なったものを，同一視することは，高度の精神作用が必要で，普通の感覚にはなじまない．この本では，カルタン部分代数の双対の元としてまず現われるものをルートといい，同一視によってカルタン部分代数のほうに現われるものをコルートと呼んで，混乱のないようにした．その2つがはっきりと見えて，違うところと，同じところがはっきりとわかってから，後に同じ言葉(ルート)で呼べばよい．

ごく最近の論文では，以前は双対ルートまたは逆ルートと名づけられたルートの大きさを変えた(半径 $\sqrt{2}$ の球面に関して対称の)ものを，コルートと呼ぶこともあるようである．この本では，上のように同一視される前のそれぞれを，ルート，コルートと呼びわけた．この本の内容をマスターして，新しい論文を，もしすぐに読むような読者がいたら，コルートの言葉に注意していただきたい．

リー代数およびその表現の理論は，線形代数学をほんの少し発展させたものでありながら，リー群の理論およびその表現論とほぼ同等であり，数学，物理学の最前線でも非常に有効に用いられるものである．この小さな本を読み終えることで，新しい展望が開かれるに違いない．

この本を読むにあたっての必要な数学の予備知識としては，大学の初年級で学ぶ線形代数の基礎だけである．それも，行列の足し算，掛け算と(できれば)行列の対角化について知っていればよい．高校で行列を習ってさえすれば，必要なら(どれでもいいから)線形代数の教科書を参照することにして，すぐこの本を読みはじめることができるであろう．

この本を書くにあたっては，多くの既に出版されているリー代数の本を参考にしたが，（やさしすぎるからそれらには載っていない）具体的な計算例をたくさん書いた．全原稿を丁寧に読んで多くの有益な助言をしてくれた待田芳徳，稲葉尚志，中西靖忠，鈴木浩志の諸氏にはこころから感謝する．また，水谷忠良，一楽重雄，三上健太郎の諸氏も貴重な指摘を下さった．この本が出版できたのも，小さい本でありながら，多くの人の協力のお陰であり，本当にありがたく思っている．

2000年 8月

著　者

目　　次

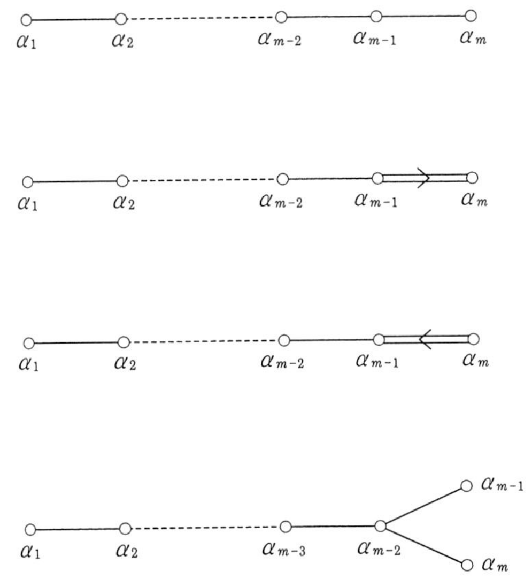
α1 α2 αm-2 αm-1 αm
α1 α2 αm-2 αm-1 αm
α1 α2 αm-2 αm-1 αm
αm-1
α1 α2 αm-3 αm-2
αm

§ 1. リー代数

複素数を成分とする m 次の正方行列全体のなす集合は，普通 $M(m, \mathbf{C})$ などと書くが，（これは一般線形群と呼ばれる m 次の正則行列全体のなすリー群 $GL(m, \mathbf{C})$ のリー代数と等しいから ―何をチンプンカンプンなことをいっているのかと立腹する読者は正しい感覚の持ち主である―）代わりに $\mathfrak{gl}(m, \mathbf{C})$ と書くと，リー代数の本らしくなるのでそうしよう．すなわち，

$$\mathfrak{gl}(m, \mathbf{C}) = \{ X \,;\, X \text{ は複素数を成分とする } m \text{ 次の正方行列} \}.$$

$\mathfrak{gl}(m, \mathbf{C})$ の 2 つの元（げん）の和も，元のスカラー倍も，やはり $\mathfrak{gl}(m, \mathbf{C})$ の元となり，$\mathfrak{gl}(m, \mathbf{C})$ は線形空間（＝ベクトル空間）である．行列の成分を 1 行目から順に m 行目まで横に並べることにより，m^2 個の数が並ぶから，$\mathfrak{gl}(m, \mathbf{C})$ は m^2 次元の線形空間である．

$\mathfrak{gl}(m, \mathbf{C})$ の 2 つの元 X, Y に対して，$X + Y$ という和の他に，$[X, Y]$ という $\mathfrak{gl}(m, \mathbf{C})$ の元を，

$$[X, Y] = XY - YX$$

と定義し，X と Y の**交換子積（ブラケット積）**という．

問 1.1　$\mathfrak{gl}(2, \mathbf{C})$ の 2 つの元 $X = \begin{bmatrix} 1 & 3 \\ 2 & 4 \end{bmatrix}$, $Y = \begin{bmatrix} 2 & 4 \\ 3 & 6 \end{bmatrix}$ に対し，

$[X, Y] = \begin{bmatrix} 1 & 0 \\ 1 & -1 \end{bmatrix}$ を示せ（読者は数値を変えて無数の問題を作れるであろう）．

$\mathfrak{gl}(m, \mathbf{C})$ の勝手な 2 つの元 X, Y に対して，$[X, Y] = -[Y, X]$ が成立するのはすぐわかるが，勝手な 3 つの元 X, Y, Z に対して

$$[X, [Y, Z]] + [Y, [Z, X]] + [Z, [X, Y]] = 0$$

が成立するというのは，美しい結果である．これには**ヤコビの恒等式**という名前がついている．

問 1.2 ヤコビの恒等式を証明せよ．また，例えば問 1.1 の X, Y に加えて，$Z=\begin{bmatrix} 3 & 7 \\ 9 & 1 \end{bmatrix}$ とでもおいて，ヤコビの恒等式が成立することを味わってみよう．

リー代数の定義　**リー代数**（または**リー環**）$\mathfrak{g}$ とは，線形空間 $\mathfrak{gl}(m, \mathbf{C})$ の部分空間（すなわち部分集合で，任意の 2 つの元の和も，スカラー倍もその部分集合に含まれているもの）で，$\mathfrak{g}$ の任意の 2 つの元の交換子積も $\mathfrak{g}$ に含まれているものをいう．m は自然数なら何でもよい．

$\mathfrak{g}$ は線形空間でもあるが，その次元をリー代数 $\mathfrak{g}$ の次元という．$\mathfrak{gl}(m, \mathbf{C})$ 自身も m^2 次元のリー代数である．

部分リー代数の定義　リー代数 $\mathfrak{g}$ の部分空間 $\mathfrak{h}$ で，$\mathfrak{h}$ の任意の 2 つの元の交換子積も $\mathfrak{h}$ に含まれているとき，$\mathfrak{h}$ もリー代数となり，$\mathfrak{h}$ を $\mathfrak{g}$ の**部分リー代数**という．我々はリー代数の定義を，$\mathfrak{gl}(m, \mathbf{C})$ の部分リー代数と定義したことになる．

m 次の正方行列 A を p 個の横線で $p+1$ 個の区画に分け，さらに p 個の縦線でもまったく同じ分け方で $p+1$ 個に分け，全体で $(p+1)^2$ 個のブロックに分割する．上から i 番目，左から j 番目を A_{ij} と書く．

$$A=\begin{bmatrix} A_{11} & A_{12} & A_{13} & \cdots & A_{1\,p+1} \\ A_{21} & A_{22} & A_{23} & \cdots & A_{2\,p+1} \\ \cdots & \cdots & \cdots & \cdots & \cdots \\ \cdots & \cdots & \cdots & \cdots & \cdots \\ A_{p+1\,1} & A_{p+1\,2} & A_{p+1\,3} & \cdots & A_{p+1\,p+1} \end{bmatrix}$$

縦横の分割が同じだから，A_{ii} $(1 \leq i \leq p+1)$ は正方行列となる．このように分割したとき，$j-i \neq k$ ならば，A_{ij} すべてが零行列 0 となっているような行列 A のなす集合を $\mathfrak{g}_k$ とする：

$$\mathfrak{g}_k=\{A \in \mathfrak{gl}(m, \mathbf{C})\,;\, j-i \neq k \text{ ならば } A_{ij}=0\}.$$

このとき $\mathfrak{g}_k$ は線形部分空間となる．$\mathfrak{g}_k$ はもちろん区分けの仕方によって定まるものである．例えば，$p=m-1$ とすると，各区画は 1 次の正方行列

（スカラー）で，$\mathfrak{g}_0$ は対角行列全体となる．

また，$\mathfrak{g}_i \cap \left(\sum_{j=-p}^{i-1} \mathfrak{g}_j \right) = 0$ $(-p \leq i \leq p)$ だから，$\mathfrak{g} = \mathfrak{g}_{-p} \oplus \mathfrak{g}_{-(p-1)} \oplus \cdots \oplus \mathfrak{g}_p$ となり，$\mathfrak{g}$ は，線形空間たちの直和に等しい．

例 1.1 3 次の正方行列を

$$\left[\begin{array}{c|cc} p & q & r \\ \hline s & t & u \\ v & w & x \end{array}\right]$$

のように区切ると，

$$\mathfrak{g}_{-1} = \left\{ \begin{bmatrix} 0 & 0 & 0 \\ s & 0 & 0 \\ v & 0 & 0 \end{bmatrix} ; s, v \in \mathbf{C} \right\}, \quad \mathfrak{g}_0 = \left\{ \begin{bmatrix} p & 0 & 0 \\ 0 & t & u \\ 0 & w & x \end{bmatrix} ; p, t, u, w, x \in \mathbf{C} \right\},$$

$$\mathfrak{g}_1 = \left\{ \begin{bmatrix} 0 & q & r \\ 0 & 0 & 0 \\ 0 & 0 & 0 \end{bmatrix} ; q, r \in \mathbf{C} \right\}. \quad \diamondsuit$$

問 1.3 $X \in \mathfrak{g}_i$, $Y \in \mathfrak{g}_j$ ならば，$[X, Y] \in \mathfrak{g}_{i+j}$ となることを確かめよ．ただし，$|i+j| > p$ ならば $\mathfrak{g}_{i+j} = \{0\}$ と考える．

$0 \leq q \leq p$ をみたす整数 q に対し

$$\mathfrak{g}^{(q)} = \mathfrak{g}_q \oplus \mathfrak{g}_{q+1} \oplus \cdots \oplus \mathfrak{g}_p$$
$$\mathfrak{g}^{(-q)} = \mathfrak{g}_{-p} \oplus \mathfrak{g}_{-(p-1)} \oplus \cdots \oplus \mathfrak{g}_{-q}$$

とおくと，

$$\mathfrak{g}^{(0)} \cap \mathfrak{g}^{(-0)} = \mathfrak{g}_0, \qquad \mathfrak{g}^{(q)} \cap \mathfrak{g}^{(-q)} = \{0\} \qquad (q > 0)$$

となっている．このとき，$\mathfrak{g}_0, \mathfrak{g}^{(0)}, \mathfrak{g}^{(-0)}, \mathfrak{g}^{(q)}, \mathfrak{g}^{(-q)}$ $(q > 0)$ はいずれも $\mathfrak{gl}(m, \mathbf{C})$ の部分リー代数となり，したがってリー代数である．

問 1.4 これらが部分リー代数になることを問 1.3 を用いて示せ．

例 1.2 2次正方行列のスカラーによる区分けの $\mathfrak{g}^{(0)}$ は

$$\left\{\begin{bmatrix} a & b \\ 0 & c \end{bmatrix} ;\ a, b, c \in \mathbf{C}\right\}$$

と書かれる上三角リー代数ともいうべき3次元リー代数である．これを $\mathcal{T}_3$ と書こう． ◇

例 1.3 3次正方行列のスカラーによる区分けの $\mathfrak{g}^{(1)}$ は

$$\left\{\begin{bmatrix} 0 & a & b \\ 0 & 0 & c \\ 0 & 0 & 0 \end{bmatrix} ;\ a, b, c \in \mathbf{C}\right\}$$

と書かれる3次元リー代数である．これは**ハイゼンベルグ リー代数**と呼ばれ，$\mathcal{H}_3$ と書く． ◇

問 1.5 $X, Y, Z \in \mathcal{H}_3$ に対し，$[[X, Y], Z] = 0$ となることを示せ．

ところで，（スカラーによる区分けの $\mathfrak{g}_0$ である）$\mathfrak{gl}(m, \mathbf{C})$ の対角成分以外は消えている行列（すなわち対角行列）全体

$$\left\{\begin{bmatrix} a_1 & & 0 \\ & \ddots & \\ 0 & & a_m \end{bmatrix} ;\ a_i \in \mathbf{C}\right\}$$

は，m 次元の部分リー代数をなし，すべての交換子積は0となる．

このようにリー代数 $\mathfrak{g}$ において，勝手な2つの元 $X, Y \in \mathfrak{g}$ に対し，必ず $[X, Y] = 0$ となっているとき，$\mathfrak{g}$ を**可換なリー代数**という．

問 1.6 $\mathfrak{gl}(4, \mathbf{C})$ の部分空間 $\mathfrak{g}$ を

$$\mathfrak{g} = \left\{\begin{bmatrix} & 0 & & a \\ & & b & \\ & b & & \\ a & & 0 & \end{bmatrix} ;\ a, b \in \mathbf{C}\right\}$$

で定義すると，$\mathfrak{g}$ は2次元の可換なリー代数となることを示せ．

古典型リー代数たち

例 1.4 行列 $X=[x_{ij}]$ の対角成分の和 $\sum x_{ii}$ を行列 X のトレースといい，$\mathrm{Tr}(X)$ で表す．

さて，

$$\mathfrak{sl}(m, \mathbf{C})=\{X \in \mathfrak{gl}(m, \mathbf{C})\ ;\ \mathrm{Tr}(X)=0\}$$

と定義すると，

$$\mathrm{Tr}(X+Y)=\mathrm{Tr}(X)+\mathrm{Tr}(Y), \qquad \mathrm{Tr}(XY)=\mathrm{Tr}(YX)$$

という恒等式より，$\mathfrak{sl}(m, \mathbf{C})$ は m^2-1 次元のリー代数になることがわかる．このリー代数を ***m* 次特殊線形リー代数**と呼ぶ．$\mathfrak{sl}$ は特殊線形の原語 **s**pecial **l**inear の頭文字である．

$\mathfrak{sl}(m, \mathbf{C})$ は最も重要なリー代数の一つで，これからも一番ひんぱんに登場してくるであろう． ◇

また，次も重要な例を与える．

例 1.5 m 次の正方行列 J を 1 つ固定して，

$$\mathfrak{g}_J=\{X \in \mathfrak{gl}(m, \mathbf{C})\ ;\ {}^tXJ+JX=0\}$$

と定める．ここで ${}^tX$ は X の (i, j) 成分と (j, i) 成分を交換してできる行列，つまり X の転置行列のことである． ◇

問 1.7 $\mathfrak{g}_J$ は（部分）リー代数になることを示せ．

例 1.5 で説明した $\mathfrak{g}_J$ の J をとりかえることにより，さまざまな重要なリー代数が得られる．

例えば，J を単位行列 E_m とおくと次のリー代数が定義される：

$$\mathfrak{o}(m, \mathbf{C})=\mathfrak{g}_{E_m}=\{X \in \mathfrak{gl}(m, \mathbf{C})\ ;\ {}^tX+X=0\}.$$

${}^tX=-X$ の行列を交代行列というから，$\mathfrak{o}(m, \mathbf{C})$ は交代行列の全体のなす集合で，次元が $\dfrac{m(m-1)}{2}$ の重要なリー代数であり，***m* 次直交リー代数**と呼ばれる．$\mathfrak{o}$ は **o**rthogonal の頭文字である．

さらにJとして

$$J_0 = \begin{bmatrix} 0 & E_m \\ -E_m & 0 \end{bmatrix}$$

(E_m は m 次の単位行列) をとり,

$$\mathfrak{sp}(m, \mathbf{C}) = \{ X \in \mathfrak{gl}(2m, \mathbf{C}) \,;\, {}^tXJ_0 + J_0X = 0 \}$$

と定めると $\mathfrak{sp}(m, \mathbf{C})$ はリー代数となり, **m 次斜交リー代数**あるいは **m 次シンプレクティック リー代数**と呼ばれる. $\mathfrak{sp}$ は symplectic からきている. 本によっては, このリー代数を $\mathfrak{sp}(2m, \mathbf{C})$ と書くものもあるから, 注意が必要である. 具体的に

$$X = \begin{bmatrix} X_{11} & X_{12} \\ X_{21} & X_{22} \end{bmatrix}$$

と, 4 つの m 次正方行列に区分けすると, $X \in \mathfrak{sp}(m, \mathbf{C})$ となるための条件は, $X_{22} = -{}^tX_{11}$, $X_{12} = {}^tX_{12}$, $X_{21} = {}^tX_{21}$ で与えられる.

問 1.8 上の条件が $X \in \mathfrak{sp}(m, \mathbf{C})$ と同値であることを確かめよ.

したがって, $\mathfrak{sp}(m, \mathbf{C})$ の次元は, $2m^2 + m$ となる. これも重要なリー代数である. $\mathfrak{sp}(1, \mathbf{C})$ は $\mathfrak{sl}(2, \mathbf{C})$ と等しい.

イデアル　$\mathfrak{h}$を あるリー代数 $\mathfrak{g}$ の部分代数とする. 部分代数の条件は, $X, Y \in \mathfrak{h}$ に対して $[X, Y] \in \mathfrak{h}$ であった. これより強い条件, 勝手な $X \in \mathfrak{h}, Y \in \mathfrak{g}$ に対して必ず $[X, Y] \in \mathfrak{h}$ となっているとき, $\mathfrak{h}$ は $\mathfrak{g}$ のイデアルであるという.

例 1.6 $m \geq 2$ とする. $\mathfrak{sl}(m, \mathbf{C})$ は $\mathfrak{gl}(m, \mathbf{C})$ のイデアルである. $\mathfrak{o}(m, \mathbf{C})$ は $\mathfrak{gl}(m, \mathbf{C})$ の部分代数であるが, イデアルではない. $\mathfrak{sp}(m, \mathbf{C})$ も $\mathfrak{gl}(2m, \mathbf{C})$ の部分代数であるが, イデアルではない.　◇

問 1.9 上のことを証明せよ.

本書ではイデアルの概念はあまり必要としないようにした.

リー代数の直和　2つのリー代数 $\mathfrak{g}_1 \subset \mathfrak{gl}(m_1, \mathbf{C}), \mathfrak{g}_2 \subset \mathfrak{gl}(m_2, \mathbf{C})$ が与えられたとき，$X \in \mathfrak{g}_1, Y \in \mathfrak{g}_2$ に対して

$$\begin{bmatrix} X & 0 \\ 0 & Y \end{bmatrix}$$

は $\mathfrak{gl}(m_1 + m_2, \mathbf{C})$ の元である．

$$\mathfrak{g}_1 \oplus \mathfrak{g}_2 = \left\{ \begin{bmatrix} X & 0 \\ 0 & Y \end{bmatrix} \in \mathfrak{gl}(m_1 + m_2, \mathbf{C}) \; ; X \in \mathfrak{g}_1, \; Y \in \mathfrak{g}_2 \right\}$$

と定義すると，$\mathfrak{g}_1 \oplus \mathfrak{g}_2$ は $\mathfrak{gl}(m_1 + m_2, \mathbf{C})$ の部分空間で，交換子積に関して閉じており，リー代数を定義する．これを $\mathfrak{g}_1$ と $\mathfrak{g}_2$ の**直和リー代数**もしくは単に**直和**という．

また，

$$\dim(\mathfrak{g}_1 \oplus \mathfrak{g}_2) = \dim \mathfrak{g}_1 + \dim \mathfrak{g}_2$$

が成り立つ．$\mathfrak{g}_1, \mathfrak{g}_2$ はそれぞれ，$X \in \mathfrak{g}_1$ に対して $\begin{bmatrix} X & 0 \\ 0 & 0 \end{bmatrix}$，あるいは $Y \in \mathfrak{g}_2$ に対して $\begin{bmatrix} 0 & 0 \\ 0 & Y \end{bmatrix}$ を対応させることにより，自然に $\mathfrak{g}_1 \oplus \mathfrak{g}_2$ の部分リー代数になっている．そのとき，$X \in \mathfrak{g}_1, Y \in \mathfrak{g}_2$ の $\mathfrak{g}_1 \oplus \mathfrak{g}_2$ での交換子積 $[X, Y]$ は 0 となる．

リー群の理論は，19 世紀の後半に，いろいろな幾何学を群論的に扱うこと，および微分方程式の幾何学的研究を目的として，ノルウェーの数学者ソフス リー（Sophus Lie）により考えだされた．リーは，リー群（彼は連続群と呼んだが）は局所的にはリー代数によって決定されることを見出したが，リー代数の理論はその後，キリング，カルタン，ワイルなどにより完成された．カルタンは，学位論文で半単純リー代数の完全な分類を行い，さらに幾何学，数理物理学などにおいて大きな貢献をした．カルタンの論文は一見簡単な計算を繰り返しているだけのように見えながら，対象の場は異次元にワープしていることが多く，非常に難解である．現代数学でも完全に読みきることは難しく，その結

果だけを知って，自分でもう一度新しく考えるのが最も良い方法であるなどといわれている．彼（E. カルタン）の長男 H. カルタンも位相幾何，関数論などの分野を研究する数学者で，パリにおける重要なセミナーの主催者としてながらく活躍した．著者も 30 年以上前の留学生時代に，H. カルタンの家に招かれたことがある．応接間で待っていると，隣の部屋から日本語の電話の声が大きく聞こえた．ああ他の日本人も招かれたのだなと思っていたが，電話が終わっても入ってこない．カルタン先生に聞くと，あれは自分の息子で，会社の仕事で日本に数年滞在していて，日本語もうまくなったとのことであった．カルタン家も 3 代目は数学者にならなかったようである．

§ 2. リー代数の同型

線形空間から線形空間への線形写像とは，和とスカラー倍の行き先が，それぞれ，行き先の和とスカラー倍になるものであった．同じように，2つのリー代数 $\mathfrak{g}_1, \mathfrak{g}_2$ が与えられたとき，リー写像 $f: \mathfrak{g}_1 \to \mathfrak{g}_2$ とは，線形写像であって，交換子積の行き先が，行き先の交換子積となっているものと定義すればよいであろう．伝統的にリー写像(という便利な言葉)は使わず，準同型あるいは準同型写像と呼ばれているので，我々もそれに従おう．

リー代数の間の準同型(写像)，同型(写像)の定義　2つのリー代数の間の線形写像 $f: \mathfrak{g}_1 \to \mathfrak{g}_2$ に対して $f([X, Y]) = [f(X), f(Y)]$ が成立しているとき，f を(リー代数 $\mathfrak{g}_1$ から $\mathfrak{g}_2$ への)**準同型(写像)**という．もし f がさらに線形同型写像(全単射の線形写像)のとき，f を(リー代数 $\mathfrak{g}_1$ から $\mathfrak{g}_2$ への)**同型(写像)**という．2つのリー代数 $\mathfrak{g}_1, \mathfrak{g}_2$ の間に，同型写像 $f: \mathfrak{g}_1 \to \mathfrak{g}_2$ が存在するとき，$\mathfrak{g}_1$ と $\mathfrak{g}_2$ は同型であるという．

我々はリー代数を $\mathfrak{gl}(m, \mathbf{C})$ の部分空間として定義したが，リー代数としての議論に必要なものは，その線形空間としての構造と交換子積のみであるから，同型なリー代数は全く同じものと考えることができる．

例 2.1　同じ次元の可換な2つのリー代数は同型である．　◇

問 2.1　$\mathfrak{sl}(2, \mathbf{C})$ から $\mathfrak{o}(3, \mathbf{C})$ への線形写像 f を次のように定める：

$$f\left(\begin{bmatrix} 1 & 0 \\ 0 & -1 \end{bmatrix}\right) = \begin{bmatrix} 0 & -2i & 0 \\ 2i & 0 & 0 \\ 0 & 0 & 0 \end{bmatrix}, \quad f\left(\begin{bmatrix} 0 & 1 \\ 0 & 0 \end{bmatrix}\right) = \begin{bmatrix} 0 & 0 & -1 \\ 0 & 0 & -i \\ 1 & i & 0 \end{bmatrix},$$

$$f\left(\begin{bmatrix} 0 & 0 \\ 1 & 0 \end{bmatrix}\right) = \begin{bmatrix} 0 & 0 & 1 \\ 0 & 0 & -i \\ -1 & i & 0 \end{bmatrix}.$$

f は同型写像となることを示せ．

$\mathfrak{sl}(4, \mathbf{C})$ は $\mathfrak{o}(6, \mathbf{C})$ と同型であるが（§7）, $n=3$ と $n>5$ に対しては, $\mathfrak{sl}(n, \mathbf{C})$ はどんな n' に対しても $\mathfrak{o}(n', \mathbf{C})$ とは同型にならない.

一般的に同型写像を作る方法　m 次正方行列 $X \in \mathfrak{gl}(m, \mathbf{R})$ は $\mathbf{R}^m$ の線形変換を与える. m 次正則行列 T を線形空間 $\mathbf{R}^m$ の基底の変換行列とすると, 新しい基底では, 線形変換を与える行列は $T^{-1}XT$ に移ることを知っているであろう. m 次正則行列 T を固定して, $\mathfrak{gl}(m, \mathbf{C})$ からそれ自身への写像 $\mathrm{Ad}(T^{-1}) : \mathfrak{gl}(m, \mathbf{C}) \to \mathfrak{gl}(m, \mathbf{C})$ を

$$\mathrm{Ad}(T^{-1})(X) = T^{-1}XT$$

と定義する. Ad は **ad**joint（隣接）の頭部をとったものであり, 伝統的な表現であるが, 後に小文字の ad もでてくるので混乱しやすい. 正則行列 T に対し, $\mathrm{Ad}(T^{-1}) = T^{-1}(\ )T$, $\mathrm{Ad}(T) = T(\ )T^{-1}$ と覚えておこう.

このとき, $\mathrm{Ad}(T^{-1}) : \mathfrak{gl}(m, \mathbf{C}) \to \mathfrak{gl}(m, \mathbf{C})$ はリー代数としての同型写像となる：

$$\mathrm{Ad}(T^{-1})([X, Y]) = [\mathrm{Ad}(T^{-1})(X), \mathrm{Ad}(T^{-1})(Y)].$$

問 2.2　これを確かめよ.

いま, $\mathfrak{g}$ を $\mathfrak{gl}(m, \mathbf{C})$ の部分リー代数とすると, $\mathfrak{g}$ の $\mathrm{Ad}(T^{-1})$ による像 $\tilde{\mathfrak{g}} = \mathrm{Ad}(T^{-1})(\mathfrak{g}) \subset \mathfrak{gl}(m, \mathbf{C})$ は, $\mathfrak{gl}(m, \mathbf{C})$ の部分リー代数となり, 写像

$$\mathrm{Ad}(T^{-1}) : \mathfrak{g} \to \tilde{\mathfrak{g}}$$

は, 交換子積を保つから, 同型写像となる. よって, $\mathfrak{g} \subset \mathfrak{gl}(m, \mathbf{C})$ と正則行列 T が与えられたとき, $\mathfrak{g}$ と同型なリー代数 $\tilde{\mathfrak{g}} = \mathrm{Ad}(T^{-1})(\mathfrak{g})$ が作られる.

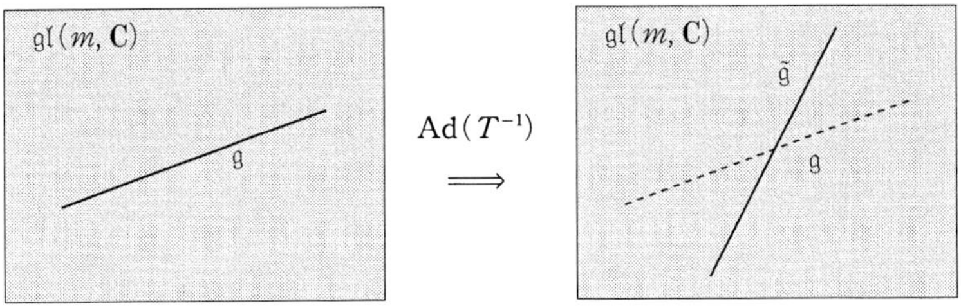

リー代数 $\mathfrak{g}_J = \{ X \,;\, {}^tXJ + JX = 0 \}$ の $\mathrm{Ad}(T^{-1})$ による像　さて，特にリー代数 $\mathfrak{g}$ が例 1.5 のリー代数，すなわち，ある固定した行列 J に対して

$$\mathfrak{g}_J = \{ X \in \mathfrak{gl}(m, \mathbf{C}) \,;\, {}^tXJ + JX = 0 \}$$

で与えられている場合を考えよう．

ある固定した T に対して $\tilde{\mathfrak{g}} = \mathrm{Ad}(T^{-1})(\mathfrak{g})$ で定められるリー代数は，また何か行列 $\tilde{J}$ が存在して，

$$\tilde{\mathfrak{g}} = \{ X \in \mathfrak{gl}(m, \mathbf{C}) \,;\, {}^tX\tilde{J} + \tilde{J}X = 0 \}$$

という形になっているであろうか．答は次の式で与えられる．

命題 2.1　$\tilde{J} = {}^tTJT$ とすると，

$$\tilde{\mathfrak{g}}(\equiv \mathrm{Ad}(T^{-1})(\mathfrak{g})) = \mathfrak{g}_{\tilde{J}}$$

である．

［**証明**］ $\tilde{\mathfrak{g}} = \{ T^{-1}XT \,;\, {}^tXJ + JX = 0 \}$ と定めた．ところが，次の等式が成立する：

$$\begin{aligned} {}^t(T^{-1}XT)\tilde{J} + \tilde{J}(T^{-1}XT) &= {}^tT\,{}^tX\,{}^tT^{-1}\,{}^tTJT + {}^tTJTT^{-1}XT \\ &= {}^tT\,{}^tXJT + {}^tTJXT \\ &= {}^tT({}^tXJ + JX)T. \end{aligned}$$

これは，$\tilde{\mathfrak{g}} = \mathfrak{g}_{\tilde{J}}$ を意味している．　◇

命題の述べていることを理解しただろうか．ある J から定義されているリー代数 $\mathfrak{g}_J$ の同型写像 $\mathrm{Ad}(T^{-1})$ による像が，ちょうど $\mathfrak{g}_{{}^tTJT}$ になっているという すっきりした結論である．

この命題を逆に使うこともできる．J と J' が異なる場合でも，$\mathfrak{g}_J$ と $\mathfrak{g}_{J'}$ は $J' = {}^tTJT$ となる正則行列 T が存在すれば，$\mathfrak{g}_J$ と $\mathfrak{g}_{J'}$ は同型なリー代数となる（という使い方である）．

命題の応用例 $\mathfrak{o}(m, \mathbf{C})$ は $J = E_m$（単位行列）とおいたときの $\mathfrak{g}_J$ であり，$\mathfrak{sp}(m, \mathbf{C})$ は，

$$J = J_0 = \begin{bmatrix} 0 & E_m \\ -E_m & 0 \end{bmatrix}$$

とおいたときの $\mathfrak{g}_J$ であった．E_m は対称行列であり，J_0 は交代行列($J_0 = -{}^tJ_0$)である．

2つの対称行列，あるいは2つの交代行列が，いつ正則行列 T による $J \to {}^tTJT$ の変換で同じになるかという問題は，複素数を係数とする行列の場合，次のよい結果が知られている．（［佐武：線型代数学］IV 章）

定理 2.1 2つの複素対称行列 J_1, J_2 に対して，複素正則行列 T が存在して，

$${}^tTJ_1T = J_2$$

となるための必要十分条件は，$\mathrm{rank}(J_1) = \mathrm{rank}(J_2)$ となることである．

単位行列 E_m は正則で $\mathrm{rank}(E_m) = m$ であるから，すべての正則な対称行列 J に対して，$\mathfrak{g}_J$ は $\mathfrak{o}(m, \mathbf{C})$ と同型なリー代数となる．$\mathfrak{o}(m, \mathbf{C})$ の他の表現が，後に役立つだろう．

定理 2.2 交代行列の階数は偶数である．2つの複素交代行列 J_1, J_2 に対して，複素正則行列 T が存在して，

$${}^tTJ_1T = J_2$$

となるための必要十分条件は，$\mathrm{rank}(J_1) = \mathrm{rank}(J_2)$ となることである．

$\mathfrak{sp}(m, \mathbf{C})$ を定める行列 $J_0 = \begin{bmatrix} 0 & E_m \\ -E_m & 0 \end{bmatrix}$ は，$\mathrm{rank}(J_0) = 2m$ となっている．したがって，すべての正則な $2m$ 次の交代行列 T に対して，$\mathfrak{g}_J$ は $\mathfrak{sp}(m, \mathbf{C})$ と同型なリー代数となる．

§ 3. 随伴表現とキリング形式

我々は，リー代数を一般線形群のリー代数 $\mathfrak{gl}(m, \mathbf{C})$ の部分代数としてみてきたが，同型なリー代数（例えば $\mathfrak{sl}(2, \mathbf{C})$ と $\mathfrak{o}(3, \mathbf{C})$）でも，異なる次元の一般線形群のリー代数の部分リー代数として表されることもあった．そこでリー代数 $\mathfrak{g}$ に対して，$\mathfrak{g}$ のリー代数の構造（線形構造と交換子積の様子）のみによって，自然に $\mathfrak{g}$ から $\mathfrak{gl}(\dim\mathfrak{g}, \mathbf{C})$ への準同型写像を定義しよう．それが随伴表現というもので，本質的な，重要なものである．さらにそれを用いて，リー代数に本質的に内在している内積であるキリング形式（人の名，殺さない）を定義しよう．

写像 ad　リー代数 $\mathfrak{g}$ の元 X に対し，$\mathrm{ad}(X)$ という $\mathfrak{g}$ から $\mathfrak{g}$ への写像を

$$\mathrm{ad}(X)(Y) = [X, Y] \in \mathfrak{g}, \qquad Y \in \mathfrak{g},$$

と定める．§2 ででてきた $\mathrm{Ad}(T)$ と混同しないように．ちなみに，$\mathrm{Ad}(T)$ は正則な T に対しての $T(\ )T^{-1}$ という $\mathfrak{gl}(m, \mathbf{C})$ から $\mathfrak{gl}(m, \mathbf{C})$ への写像であった．

$X \in \mathfrak{g}$ に対し，$\mathrm{ad}(X)$ は，

$$\mathrm{ad}(X)(k_1 Y_1 + k_2 Y_2) = k_1 \mathrm{ad}(X)(Y_1) + k_2 \mathrm{ad}(X)(Y_2)$$

をみたすから，線形空間 $\mathfrak{g}$ からそれ自身への線形変換である．$\mathfrak{g}$ の線形変換全体の集合（それも線形空間となることがわかるが）を $\mathfrak{gl}(\mathfrak{g})$ と書く．すなわち，$X \in \mathfrak{g}$ に対して

$$\mathrm{ad}(X) \in \mathfrak{gl}(\mathfrak{g})$$

が成り立つ．

リー代数 $\mathfrak{g}$ の次元を n としよう．$\mathfrak{gl}(\mathfrak{g})$ は抽象的でわかりづらいかもしれないが，次のように考える．

$\mathfrak{g}$ は n 次元の線形空間だから（n 個の線形独立な元からなる）基底 $\{\boldsymbol{v}_1, \cdots, \boldsymbol{v}_n\}$ がとれる．そのとき，$\mathfrak{gl}(\mathfrak{g})$ はちょうど n 次の正方行列全体のなす線形空間 $\mathfrak{gl}(n, \mathbf{C})$ と同じものと考えてよい．したがって（$\mathfrak{g}$ の基底をきめた下で），

$$\mathrm{ad}(X) \in \mathfrak{gl}(n, \mathbf{C})$$

と考えることができる．

ad の解釈　さて，ここで $X \in \mathfrak{g}$ を変化させると，写像

$$\mathrm{ad}: \mathfrak{g} \to \mathfrak{gl}(n, \mathbf{C})$$

が，X に $\mathrm{ad}(X)$ を対応させることで得られる．$\mathfrak{gl}(n, \mathbf{C})$ は行列の和とスカラー倍により，線形空間になっているが，

$$\mathrm{ad}(k_1 X_1 + k_2 X_2) = k_1 \,\mathrm{ad}(X_1) + k_2 \,\mathrm{ad}(X_2)$$

となっているので，$\mathrm{ad}: \mathfrak{g} \to \mathfrak{gl}(n, \mathbf{C})$ は線形写像である．

問 3.1　$\mathrm{ad}(k_1 X_1 + k_2 X_2) = k_1 \,\mathrm{ad}(X_1) + k_2 \,\mathrm{ad}(X_2)$，$X_i \in \mathfrak{g}$，を示せ．

さて，交換子積 $[X, Y]$ の ad による像 $\mathrm{ad}([X, Y])$ は，$\mathrm{ad}(X)$ と $\mathrm{ad}(Y)$ とどのような関係があるだろうか．$\mathrm{ad}([X, Y])$ も $\mathfrak{g}$ の 1 次変換なので，$Z \in \mathfrak{g}$ に対して，$\mathrm{ad}([X, Y])(Z)$ を計算すればよい．

問 3.2　$\mathrm{ad}([X, Y])(Z) = [\mathrm{ad}(X), \mathrm{ad}(Y)](Z)$　を証明せよ．

$\mathrm{ad}(X)(Y)$ を $\mathrm{ad}(X)\,Y$ と書くこともある．

随伴表現の定義　問 3.2 の結果より，$\mathrm{ad}: \mathfrak{g} \to \mathfrak{gl}(n, \mathbf{C})$ はリー代数の準同型（写像）となる．一般に $\mathfrak{gl}(N, \mathbf{C})$ への準同型写像のことを，リー代数の**表現**という（表現を調べることは重要なことで後の節で独立して扱う）．準同型 ad をリー代数 $\mathfrak{g}$ の**随伴表現**という．

随伴表現の例たち　具体的に例を考えよう．$E_{ij} \in \mathfrak{gl}(m, \mathbf{C})$ を (i, j) 成分のみが 1 で，あとはすべて 0 という行列とし，$\mathfrak{gl}(m, \mathbf{C})$ の基底を横の順に

$$\{E_{11}, E_{12}, \cdots, E_{1m}, E_{21}, \cdots, E_{m\,m-1}, E_{mm}\}$$

とする．そのとき，$\mathfrak{gl}(m, \mathbf{C})$ の元 X に対し，$\mathrm{ad}(X)$ は $\mathfrak{gl}(m^2, \mathbf{C})$ の元となる．

問 3.3　$X = \begin{bmatrix} a & b \\ c & d \end{bmatrix} \in \mathfrak{gl}(2, \mathbf{C})$　に対して，

$$\mathrm{ad}(X) = \begin{bmatrix} 0 & -c & b & 0 \\ -b & a-d & 0 & b \\ c & 0 & d-a & -c \\ 0 & c & -b & 0 \end{bmatrix}$$

となることを示せ．

問 3.4　例 1.2 の上三角リー代数 $\mathcal{T}_3$ の元 $X = \begin{bmatrix} a & b \\ 0 & c \end{bmatrix}$ に対して，

$$\mathrm{ad}(X) = \begin{bmatrix} 0 & 0 & 0 \\ -b & a-c & b \\ 0 & 0 & 0 \end{bmatrix}$$

となることを示せ．

問 3.5　$X = \begin{bmatrix} a & b \\ c & -a \end{bmatrix} \in \mathfrak{sl}(2, \mathbf{C})$　に対して，

$$\mathrm{ad}(X) = \begin{bmatrix} 0 & -c & b \\ -2b & 2a & 0 \\ 2c & 0 & -2a \end{bmatrix}$$

となることを示せ．

問 3.6 例 1.3 のハイゼンベルグ リー代数 $\mathscr{H}_3$ の元 $X = \begin{bmatrix} 0 & a & b \\ 0 & 0 & c \\ 0 & 0 & 0 \end{bmatrix}$ に対して,

$$\mathrm{ad}(X) = \begin{bmatrix} 0 & 0 & 0 \\ -c & 0 & a \\ 0 & 0 & 0 \end{bmatrix}$$

となることを示せ.

問 3.7 $X = \begin{bmatrix} 0 & a & b \\ -a & 0 & c \\ -b & -c & 0 \end{bmatrix} \in \mathfrak{o}(3, \mathbf{C})$ に対して,

$$\mathrm{ad}(X) = \begin{bmatrix} 0 & c & -b \\ -c & 0 & a \\ b & -a & 0 \end{bmatrix}$$

となることを示せ.

問 3.8 $X = \begin{bmatrix} a & b & c \\ d & e & f \\ g & h & k \end{bmatrix} \in \mathfrak{gl}(3, \mathbf{C})$ に対して,

$$\mathrm{ad}(X) = \begin{bmatrix} 0 & -d & -g & b & 0 & 0 & c & 0 & 0 \\ -b & a-e & -h & 0 & b & 0 & 0 & c & 0 \\ -c & -f & a-k & 0 & 0 & b & 0 & 0 & c \\ d & 0 & 0 & e-a & -d & -g & f & 0 & 0 \\ 0 & d & 0 & -b & 0 & -h & 0 & f & 0 \\ 0 & 0 & d & -c & -f & e-k & 0 & 0 & f \\ g & 0 & 0 & h & 0 & 0 & k-a & -d & -g \\ 0 & g & 0 & 0 & h & 0 & -b & k-e & -h \\ 0 & 0 & g & 0 & 0 & h & -c & -f & 0 \end{bmatrix}$$

となることを示せ.

基底のとりかえ　随伴写像の行き先の $\mathfrak{gl}(\mathfrak{g})$ は，$\mathfrak{g}$ の基底を固定して $\mathfrak{gl}(n, \mathbf{C})$ とみなしたが，基底を他の基底にとりかえるとどうなるであろうか．基底の変換行列を T とすると，T は n 次正則行列で，$\mathrm{Ad}(T^{-1})$ が $\mathfrak{gl}(n, \mathbf{C})$ から $\mathfrak{gl}(n, \mathbf{C})$ への写像を，$\mathrm{Ad}(T^{-1})(Z) = T^{-1}ZT$ で引き起こした．この新しい基底の随伴表現

$$\widetilde{\mathrm{ad}} : \mathfrak{g} \to \mathfrak{gl}(n, \mathbf{C})$$

は，

$$\mathrm{Ad}(T^{-1})\,\mathrm{ad} : \mathfrak{g} \to \mathfrak{gl}(n, \mathbf{C})$$

と表される．すなわち，

$$\widetilde{\mathrm{ad}}(X) = \mathrm{Ad}(T^{-1})\,\mathrm{ad}(X) \in \mathfrak{gl}(n, \mathbf{C}), \qquad X \in \mathfrak{g},$$

である．

問 3.9　上を示せ．

キリング形式　リー代数 $\mathfrak{g}$ の 2 つの元 X, Y に対して，行列 $\mathrm{ad}(X)$ と $\mathrm{ad}(Y)$ の積 $\mathrm{ad}(X)\mathrm{ad}(Y)$ のトレースである複素数を対応させ，それを $B(X, Y)$ と書こう：

$$B(X, Y) = \mathrm{Tr}(\mathrm{ad}(X)\,\mathrm{ad}(Y)).$$

リー代数 $\mathfrak{g}$ をはっきりさせたいときは，$B_{\mathfrak{g}}$ と書くこともあるが，B（または $B_{\mathfrak{g}}$）をリー代数 $\mathfrak{g}$ の**キリング形式**と呼ぶ．これは，（$\mathfrak{g}$ の基底のとり方を変えても，$\mathrm{Ad}(T)$ は行列のトレースを変えないから）基底のとり方によらないことがすぐわかる．

さらに，$\mathrm{Tr}(AB) = \mathrm{Tr}(BA)$ という恒等式から，

$$B(X, Y) = B(Y, X)$$

が成立している．また，和とスカラー倍の行列のトレースはトレースの和とスカラー倍に等しいから，B を $\mathfrak{g} \times \mathfrak{g} \to \mathbf{C}$ という写像とみなすと，それぞれの線形空間に関して線形写像である双 1 次形式というものになっていることがわかる．

キリング形式の例　具体的に例を見てみよう．

問 3.10　$X=\begin{bmatrix} a & b \\ c & d \end{bmatrix}$，$Y=\begin{bmatrix} p & q \\ r & s \end{bmatrix}\in\mathfrak{gl}(2,\mathbf{C})$　に対して，

$$B(X,Y)=2ap+2ds-2as-2dp+4br+4cq\,,$$
$$B(X,X)=2a^2+2d^2+8bc-4ad$$

となることを示せ．

上の問で特に，$Y=E_2=\begin{bmatrix} 1 & 0 \\ 0 & 1 \end{bmatrix}$ とすると，すべての $X\in\mathfrak{gl}(2,\mathbf{C})$ に対して，$B(X,E_2)=0$ となっていることがわかる．

問 3.11　$X=\begin{bmatrix} a & b \\ c & -a \end{bmatrix}$，$Y=\begin{bmatrix} p & q \\ r & -p \end{bmatrix}\in\mathfrak{sl}(2,\mathbf{C})$　に対して，

$$B(X,Y)=4(2ap+br+cq)$$

となることを示せ．

問 3.12　$X=\begin{bmatrix} a & b \\ 0 & c \end{bmatrix}$，$Y=\begin{bmatrix} p & q \\ 0 & r \end{bmatrix}\in\mathcal{T}_3$　に対して，

$$B(X,Y)=ap-ar+cr-cp$$

となることを示せ．

問 3.13　$X=\begin{bmatrix} 0 & a & b \\ 0 & 0 & c \\ 0 & 0 & 0 \end{bmatrix}$，$Y=\begin{bmatrix} 0 & p & q \\ 0 & 0 & r \\ 0 & 0 & 0 \end{bmatrix}\in\mathcal{H}_3$　に対して，

$B(X,Y)=0$ となることを示せ．

問 3.14　$X=\begin{bmatrix} 0 & a & b \\ -a & 0 & c \\ -b & -c & 0 \end{bmatrix}$，$Y=\begin{bmatrix} 0 & p & q \\ -p & 0 & r \\ -q & -r & 0 \end{bmatrix}\in\mathfrak{o}(3,\mathbf{C})$　に対して，

$$B(X,Y)=-2(ap+bq+cr)\,,\qquad B(X,X)=-2(a^2+b^2+c^2)$$

となることを示せ．

上のように小さい次元のキリング形式は具体的に計算できたが，一般の次元ではどうなるだろう．

$\mathfrak{gl}(m, \mathbf{C})$ のキリング形式　$X, Y \in \mathfrak{gl}(m, \mathbf{C})$ に対し，

$$B(X, Y) = 2m\,\mathrm{Tr}(XY) - 2\,\mathrm{Tr}(X)\,\mathrm{Tr}(Y)$$

が成り立つ．これを示すには，まず $B(X, X)$ を計算するのが常道である．$B(X, X) = \mathrm{Tr}(\mathrm{ad}(X)^2)$ であるが，

$$\mathrm{ad}(X)^2(Z) = [X, [X, Z]] = X^2Z - 2XZX + ZX^2$$

である．和のトレースはトレースの和であるから，それぞれのトレースを計算すると，この和は次のようになる：

$$m\,\mathrm{Tr}(X^2) - 2\,\mathrm{Tr}(X)^2 + m\,\mathrm{Tr}(X^2) = 2m\,\mathrm{Tr}(X^2) - 2\,\mathrm{Tr}(X)^2.$$

問 3.15　$Z \in \mathfrak{gl}(m, \mathbf{C})$ に対し，それぞれ $X^2Z, XZX, ZX^2 \in \mathfrak{gl}(m, \mathbf{C})$ を対応させることにより，3つの線形変換を得る．それらのトレースは，それぞれ $m\,\mathrm{Tr}(X^2)$，$\mathrm{Tr}(X)^2$，$m\,\mathrm{Tr}(X^2)$ となることを確かめよ．

$B(X, Y)$ を $B(X, X)$ から求めるには，極化の方法という次の計算をすればよい．

$$B(X, Y) = \frac{1}{2}\{B(X + Y, X + Y) - B(X, X) - B(Y, Y)\}$$

の公式より，$B(X, Y) = 2m\,\mathrm{Tr}(XY) - 2\,\mathrm{Tr}(X)\,\mathrm{Tr}(Y)$ を得る．

$\mathfrak{sl}(m, \mathbf{C})$ のキリング形式　$\mathfrak{gl}(m, \mathbf{C})$ の計算と全く同じ方法でもできるが，一般にイデアルのキリング形式は，全体のキリング形式の制限に等しいという公式より，直ちに計算できる．$\mathrm{Tr}(X) = 0$，$X \in \mathfrak{sl}(m, \mathbf{C})$，だから，$X, Y \in \mathfrak{sl}(m, \mathbf{C})$ に対し $B(X, Y) = 2m\,\mathrm{Tr}(XY)$ となる．

問 3.16　$\mathfrak{h}$ がリー代数 $\mathfrak{g}$ のイデアルならば，$B_{\mathfrak{h}}$ は $B_{\mathfrak{g}}$ の制限に等しいことを示せ．

$\mathfrak{o}(m, \mathbf{C})$ のキリング形式　$\mathfrak{gl}(m, \mathbf{C})$ と同様な計算で，$Z \in \mathfrak{o}(m, \mathbf{C})$ に $X^2Z, XZX, ZX^2 \in \mathfrak{o}(m, \mathbf{C})$ を対応させる線形変換のトレースを根気よく計算すれば，$X, Y \in \mathfrak{o}(m, \mathbf{C})$ に対して

$$B(X, X) = (m-2)\,\mathrm{Tr}(X^2)\,, \qquad B(X, Y) = (m-2)\,\mathrm{Tr}(XY)$$

を得るだろう．

実際，$\mathfrak{o}(m, \mathbf{C})$ は $\mathfrak{gl}(m, \mathbf{C})$ のイデアルではなく，キリング形式も $\mathfrak{gl}(m, \mathbf{C})$ の制限にはなっていない．

$\mathfrak{sp}(m, \mathbf{C})$ のキリング形式　これも同様にして，$X, Y \in \mathfrak{sp}(m, \mathbf{C})$ に対して，

$$B(X, X) = (2m+2)\,\mathrm{Tr}(X^2)\,, \qquad B(X, Y) = (2m+2)\,\mathrm{Tr}(XY)$$

となる．

キリング形式の性質　後で使うキリング形式の性質を述べておこう．

命題 3.1　リー代数 $\mathfrak{g}$ の任意の元 X, Y, Z に対し，

$$B(\mathrm{ad}(Z)(X), Y) = -B(X, \mathrm{ad}(Z)(Y))$$

［**証明**］　公式 $\mathrm{Tr}(AB) = \mathrm{Tr}(BA)$ を使って定義どおり計算すると，

$$\begin{aligned}
\text{左辺} &= \mathrm{Tr}(\mathrm{ad}([Z, X])\,\mathrm{ad}(Y)) \\
&= \mathrm{Tr}(\mathrm{ad}(Z)\,\mathrm{ad}(X)\,\mathrm{ad}(Y) - \mathrm{ad}(X)\,\mathrm{ad}(Z)\,\mathrm{ad}(Y)) \\
&= -\mathrm{Tr}(\mathrm{ad}(X)\,\mathrm{ad}(Z)\,\mathrm{ad}(Y) - \mathrm{ad}(X)\,\mathrm{ad}(Y)\,\mathrm{ad}(Z)) \\
&= -B(X, [Z, Y]) = \text{右辺}
\end{aligned}$$

となる．　◇

§ 4. 半単純リー代数とカルタン部分代数

リー代数 $\mathfrak{g}$ に対して，対称な双 1 次形式であるキリング形式

$$B: \mathfrak{g} \times \mathfrak{g} \to \mathbf{C}$$

が定義されることを § 3 で説明した．$\dim \mathfrak{g} = n$ とし，$\mathfrak{g}$ の基底 $\{ \boldsymbol{v}_1, \cdots, \boldsymbol{v}_n \}$ を固定したとき，$B_{ij} = B(\boldsymbol{v}_i, \boldsymbol{v}_j)$ とおくと，この値を (i, j) 成分とする n 次対称行列 $\mathcal{B} = [\, B_{ij} \,]$ が定まる．この行列の行列式 $\det \mathcal{B}$ が消えていないとき，すなわち $\mathcal{B}$ が正則行列のとき，キリング形式 B は非退化であるという．この条件は，$B(X, Y) = 0$ がすべての $Y \in \mathfrak{g}$ に対して成立するのは $X = 0$ に限ることと同値であることは，すぐわかるであろう．

定義　キリング形式 B が非退化なリー代数を**半単純リー代数**という．

実は，単純リー代数の定義が先にあり，その単純リー代数の定義は，次元が 2 以上で，そのイデアルは $\{0\}$ か全体のみである，というものであった．そして，半単純リー代数とは，単純リー代数の直和と定義されたというのが歴史的には正しいのであろうが，我々は使いやすい上の定義を採用しよう．

例 4.1　$\mathfrak{g} = \mathfrak{gl}(2, \mathbf{C})$ に対し $B(X, E_2) = 0,\ \forall X \in \mathfrak{gl}(2, \mathbf{C})$，が成立するから，$\mathfrak{gl}(2, \mathbf{C})$ は半単純ではない．　◇

例 4.2　例 4.1 と同様にすべての m に対し $\mathfrak{g} = \mathfrak{gl}(m, \mathbf{C})$ を考えると，§ 3 の結果から，

$$B(X, E_m) = 2m \operatorname{Tr}(X) - 2 \operatorname{Tr}(X) \operatorname{Tr}(E_m) = 0$$

となり，$\mathfrak{gl}(m, \mathbf{C})$ は半単純ではない．　◇

例 4.3　上三角リー代数 $\mathcal{T}_3$ に対し，

$$B\left(\begin{bmatrix} a & b \\ 0 & c \end{bmatrix}, \begin{bmatrix} 1 & 0 \\ 0 & 1 \end{bmatrix}\right) = 0 \qquad \left(\text{ほかに，} B\left(\begin{bmatrix} a & b \\ 0 & c \end{bmatrix}, \begin{bmatrix} 0 & 1 \\ 0 & 0 \end{bmatrix}\right) = 0\right)$$

がすべての $a, b, c \in \mathbf{C}$ に対して成立するから半単純ではない．　◇

例 4.4 ハイゼンベルグ リー代数 $\mathcal{H}_3$ においては，常に $B(X, Y)=0$ であるから，もちろん半単純ではない． ◇

$\mathfrak{sl}(2, \mathbf{C})$ のキリング形式は，$X=\begin{bmatrix} a & b \\ c & -a \end{bmatrix}$，$Y=\begin{bmatrix} p & q \\ r & -p \end{bmatrix}$ に対して

$$B(X, Y)=4(2ap+br+cq)$$

であった．すべての X に対して $B(X, Y)=0$ と仮定すると，$a, b, c \in \mathbf{C}$ は勝手に動くから，$p=q=r=0$ でなければならない．よって，B は非退化であり，$\mathfrak{sl}(2, \mathbf{C})$ は半単純である．

より一般に次の定理が成り立つ．

定理 4.1 任意の $m \geq 2$ に対して $\mathfrak{sl}(m, \mathbf{C})$ は半単純である．

［**証明**］ $\mathfrak{sl}(m, \mathbf{C})$ のキリング形式は $B(X, Y)=2m\,\mathrm{Tr}(XY)$ で与えられた．$B(X, Y)=0$ がすべての X について成立する Y を求めよう．

前のように，E_{ij} を (i, j) 成分のみ 1 であとは 0 の行列とすると，$i \neq j$ ならば $E_{ij} \in \mathfrak{sl}(m, \mathbf{C})$．また，$1 \leq i \leq m-1$ に対し，

$$E_{ii}-E_{i+1\,i+1} \in \mathfrak{sl}(m, \mathbf{C})$$

である．

$Y=[\,y_{ij}\,]$ とすると，$i \neq j$ ならば，$\mathrm{Tr}(E_{ij}Y)=y_{ji}$ より，$y_{ji}=0$ でなければならず，

$$\mathrm{Tr}((E_{ii}-E_{i+1\,i+1})Y)=y_{ii}-y_{i+1\,i+1}$$

より $y_{ii}=y_{i+1\,i+1}$ となる．また，$Y \in \mathfrak{sl}(m, \mathbf{C})$ より $\sum_{i=1}^{m} y_{ii}=0$ だから，すべての $y_{ii}=0$ である．

以上より，$B(X, Y)=0$ がすべての X に対して成り立つ Y は零行列に限ることになり，$\mathfrak{sl}(m, \mathbf{C})$ は半単純であることが示された． ◇

定理 4.2 任意の $m \geq 3$ に対して，$\mathfrak{o}(m, \mathbf{C})$ は半単純である．

［**証明**］ キリング形式は $B(X, Y)=(m-2)\,\mathrm{Tr}(XY)$ であった．$i \neq j$ に対して $E_{ij}-E_{ji} \in \mathfrak{o}(m, \mathbf{C})$ である．また，

$$\mathrm{Tr}((E_{ij}-E_{ji})Y) = y_{ji} - y_{ij}.$$

ところが $Y=[y_{ij}]\in \mathfrak{o}(m,\mathbf{C})$ より $y_{ij}=-y_{ji}$. よって $\mathrm{Tr}((E_{ij}-E_{ji})Y)=0$ ならば $y_{ij}=0$ となる. $\mathfrak{o}(m,\mathbf{C})$ の対角成分は常に 0 だから, すべての X に対して $B(X,Y)=0$ となる Y は常に零行列となり, $\mathfrak{o}(m,\mathbf{C})$ の半単純性が示された. ◇

定理 4.3 任意の $m\geq 1$ に対し, $\mathfrak{sp}(m,\mathbf{C})$ は半単純である.

[**証明**] キリング形式は $B(X,Y)=(2m+2)\,\mathrm{Tr}(XY)$ で与えられた. また, $Y=[y_{ij}]\in\mathfrak{sp}(m,\mathbf{C})$ となる条件は, $1\leq i,j\leq m$ に対して,

$$y_{ij}=-y_{m+j\,m+i}, \qquad y_{i\,m+j}=y_{j\,m+i}, \qquad y_{m+i\,j}=y_{m+j\,i}$$

である. したがって,

$$E_{ij}-E_{m+j\,m+i},\ E_{i\,m+j}+E_{j\,m+i},\ E_{m+i\,j}+E_{m+j\,i}\in\mathfrak{sp}(m,\mathbf{C})$$

となる.

$$\mathrm{Tr}((E_{ij}-E_{m+j\,m+i})Y)=y_{ji}-y_{m+i\,m+j}=2y_{ji}$$

より, すべての X に対して $B(X,Y)=0$ となる $Y\in\mathfrak{sp}(m,\mathbf{C})$ は, $y_{ji}=0$ である. さらに,

$$\mathrm{Tr}((E_{i\,m+j}+E_{j\,m+i})Y)=y_{m+j\,i}+y_{m+i\,j}=2y_{m+j\,i}$$

より, $y_{m+j\,i}=0$.

同様に $y_{j\,m+i}=0$ も結論され, 結局 $Y=0$ となる. したがって, $\mathfrak{sp}(m,\mathbf{C})$ は半単純である. ◇

よって, $m\geq 2$ の $\mathfrak{sl}(m,\mathbf{C})$, $m\geq 3$ の $\mathfrak{o}(m,\mathbf{C})$, $m\geq 1$ の $\mathfrak{sp}(m,\mathbf{C})$ (ただし $\mathfrak{sl}(2,\mathbf{C})$ と $\mathfrak{o}(3,\mathbf{C})$ と $\mathfrak{sp}(1,\mathbf{C})$ はすべて同型)はいずれも半単純であることがわかった. (実は $\mathfrak{o}(4,\mathbf{C})$ 以外はすべて単純リー代数である.) これらは**古典型半単純リー代数**と呼ばれる.

単純リー代数は, これらの他には, G_2, F_4, E_6, E_7, E_8 と書かれる, 次元がそれぞれ 14, 52, 78, 133, 248 の例外型と呼ばれるリー代数 5 個だけであることが, 数学者の努力で示されている.

半単純リー代数に関する定理は，この分類を知らないで証明をしようとすると，たいていの場合，非常に複雑で難しくなる．本書の立場は，この分類が知られている以上，これらのリー代数すべてに共通することを具体的に示すことができれば，それを半単純リー代数に対する定理と考えてもよいだろうとすることである．さらに，5つの例外型単純リー代数は本書では扱わないので，古典型半単純リー代数だけで，半単純リー代数の性質を調べようというものである．

半単純リー代数の研究においてカルタン部分代数と呼ばれる部分リー代数が重要な役割をはたす．正方行列 A が対角化可能であるとは，ある正則行列 T が存在して，$T^{-1}AT$ が対角行列になることとする．

カルタン部分代数の定義　半単純リー代数 $\mathfrak{g}$ に対し，カルタン部分代数 $\mathfrak{h}$ とは

1）任意の $H \in \mathfrak{h}$ に対し，$\mathrm{ad}(H) \in \mathfrak{gl}(\mathfrak{g})$ は対角化可能である．

2）さらに，$\mathfrak{h}$ はこのような性質をもつものの中で極大（すなわち，$\mathfrak{h}$ を含む部分リー代数 $\mathfrak{h}'$ が 1）の性質をもっていれば $\mathfrak{h}' = \mathfrak{h}$）である．

少し細かい議論をすると，1）の条件をもつ部分リー代数 $\mathfrak{h}$ は，可換（交換子積は $\mathfrak{h}$ 上で常に 0）となることがわかる．さらに，上の定義は

i）任意の $H \in \mathfrak{h}$ に対し，$\mathrm{ad}(H) \in \mathfrak{gl}(\mathfrak{g})$ は対角化可能である．

ii）$\mathfrak{h}$ は極大可換部分代数（すなわち，$\mathfrak{h}$ は可換で $\mathfrak{h} \subset \mathfrak{h}'$ 可換ならば $\mathfrak{h}' = \mathfrak{h}$）である．

を条件としてもよいことがわかる．この方が使いやすいかもしれない．

進んだ読者のための注意：カルタン部分代数の定義の 1）（あるいは i））を（我々は $\mathfrak{g}$ を m 次正方行列全体 $\mathfrak{gl}(m, \mathbf{C})$ の部分集合として定めたから）

1′）任意の $H \in \mathfrak{h}$ に対し，m 次正方行列 H は対角化可能である．

としてもよい．しかし，この定義が 1）（あるいは i））と同値であり，しかも同型な半単純リー代数たちに対して同値な条件であることを説明するには少し準備が必要なので省略する．

例 4.5 $\mathfrak{sl}(2,\mathbf{C})$ の中で $\mathfrak{h}=\left\{\begin{bmatrix} a & 0 \\ 0 & -a \end{bmatrix};\ a\in\mathbf{C}\right\}$ を考えると，$\mathrm{ad}\left(\begin{bmatrix} a & 0 \\ 0 & -a \end{bmatrix}\right)$ は対角行列で，極大可換だからカルタン部分代数である． ◇

問 4.1 例 4.5 の $\mathfrak{h}$ が極大可換であることを示せ．

問 4.2 $\mathfrak{sl}(2,\mathbf{C})$ の中で，次の部分リー代数たちに対し，$\mathfrak{h}_1,\mathfrak{h}_2$ はカルタン部分代数ではないが，$\mathfrak{h}_3,\mathfrak{h}_4,\mathfrak{h}_5$ はカルタン部分代数となることを示せ．

$$\mathfrak{h}_1=\left\{\begin{bmatrix} 0 & b \\ 0 & 0 \end{bmatrix};\ b\in\mathbf{C}\right\},\qquad \mathfrak{h}_2=\left\{\begin{bmatrix} 0 & 0 \\ b & 0 \end{bmatrix};\ b\in\mathbf{C}\right\},$$

$$\mathfrak{h}_3=\left\{\begin{bmatrix} 0 & b \\ b & 0 \end{bmatrix};\ b\in\mathbf{C}\right\},\qquad \mathfrak{h}_4=\left\{\begin{bmatrix} 0 & b \\ -b & 0 \end{bmatrix};\ b\in\mathbf{C}\right\},$$

$$\mathfrak{h}_5=\left\{\begin{bmatrix} b & 2b \\ 0 & -b \end{bmatrix};\ b\in\mathbf{C}\right\}.$$

例 4.6 $\mathfrak{sl}(m,\mathbf{C})$ の中で対角行列からなる $(m-1)$ 次元部分代数 $\mathfrak{h}$ はカルタン部分代数である． ◇

例 4.7 $\mathfrak{o}(2m+1,\mathbf{C})$ の部分代数として

$$\mathfrak{h}=\left\{\left[\begin{array}{c|ccc|ccc} 0 & & 0 & & & 0 & \\ \hline & & & & b_1 & & \\ 0 & & \mathbf{0} & & & \ddots & \\ & & & & & & b_m \\ \hline & -b_1 & & & & & \\ 0 & & \ddots & & & \mathbf{0} & \\ & & & -b_m & & & \end{array}\right];\ b_i\in\mathbf{C}\right\}$$

を定義すると，$\mathfrak{h}$ はカルタン部分代数となる．これが可換であることは容易にわかるであろう．極大可換であることも，低次元の場合から類推されるだろう．この随伴行列が対角化可能であることは，次節で，実際に対角化を行って示すことにする．同様に $\mathfrak{o}(2m,\mathbf{C})$ のカルタン部分代数(の１つ)は次で与えられる：

$$\mathfrak{h} = \left\{ \left[\begin{array}{ccc|ccc} & & & b_1 & & \\ & 0 & & & \ddots & \\ & & & & & b_m \\ \hline -b_1 & & & & & \\ & \ddots & & & 0 & \\ & & -b_m & & & \end{array}\right] ; b_i \in \mathbf{C} \right\}. \qquad \diamondsuit$$

例 4.8 $\mathfrak{sp}(m, \mathbf{C})$ のカルタン部分代数(の1つ)は次で与えられる：

$$\mathfrak{h} = \left\{ \left[\begin{array}{ccc|ccc} h_1 & & & & & \\ & \ddots & & & 0 & \\ & & h_m & & & \\ \hline & & & -h_1 & & \\ & 0 & & & \ddots & \\ & & & & & -h_m \end{array}\right] ; h_i \in \mathbf{C} \right\}.$$

この随伴行列が対角化可能であることも次節で説明される. $\diamondsuit$

以上のように，半単純リー代数には必ずカルタン部分代数が存在している. 1つの半単純リー代数にはカルタン部分代数はいろいろあるが，実は次の定理が成り立っている. 証明は難しい.

定理 4.4 $\mathfrak{h}_1, \mathfrak{h}_2$ がともにある半単純リー代数 $\mathfrak{g}$ のカルタン部分代数ならば，$\mathfrak{g}$ から $\mathfrak{g}$ への同型写像(線形同型で交換子積を保つ) φ が存在して，$\varphi(\mathfrak{h}_1) = \mathfrak{h}_2$ となる.

よって，1つのリー代数のカルタン部分代数は本質的にはただ1つである. カルタン部分代数の次元を半単純リー代数 $\mathfrak{g}$ の**階数**という. $\mathfrak{sl}(m, \mathbf{C})$, $\mathfrak{o}(2m+1, \mathbf{C})$, $\mathfrak{sp}(m, \mathbf{C})$, $\mathfrak{o}(2m, \mathbf{C})$ の階数はそれぞれ, $m-1, m, m, m$ である. ちなみに例外型単純リー代数 G_2, F_4, E_6, E_7, E_8 の階数は $2, 4, 6, 7, 8$ である. 半単純リー代数の階数は，リー代数の次元とともに，基本的な不変量である.

§ 5. ルート

半単純リー代数 $\mathfrak{g}$ が与えられたとき，自然に**ルート**という有限個のベクトルが定義される．このルートたちの初等幾何学的様子をみれば，もとの半単純リー代数 $\mathfrak{g}$ が完全に定まってしまうという重要なものである．ルートの定義をしっかり把握することが，本書において最も重要なことである．

ルートの定義　半単純リー代数 $\mathfrak{g}$ に対して，§4 で述べたように（本質的には 1 つしかない）カルタン部分代数 $\mathfrak{h}$ をとることができた．半単純リー代数 $\mathfrak{g}$ の**ルート**とは，$\mathfrak{h}$ から $\mathbf{C}$ への線形写像 α（$:\mathfrak{h}\to\mathbf{C}$，線形）であって，すべての $\mathfrak{h}$ の元 H に対して，$\alpha(H)$ が，随伴行列 $\mathrm{ad}(H)$ の同時固有値となっているものである．

ここで，すべての $\mathfrak{h}$ の元 H に対して，$\alpha(H)$ が，随伴行列 $\mathrm{ad}(H)$ の同時固有値となっているとは，$X(\neq 0)\in\mathfrak{g}$ が $H\in\mathfrak{h}$ によらずに存在して，

$$\mathrm{ad}(H)(X)=\alpha(H)X$$

が，すべての $H\in\mathfrak{h}$ に対して成立していることである．（このとき，X を同時固有ベクトルという.）くどい様であるが，くり返すと，（同時固有ベクトル）$X\in\mathfrak{g}$ が存在して，線形写像 $\alpha:\mathfrak{h}\to\mathbf{C}$ がすべての $H\in\mathfrak{h}$ に対して $\mathrm{ad}(H)(X)=\alpha(H)X$ をみたすとき，$\alpha\in\mathfrak{h}^*\equiv\{\beta:\mathfrak{h}\to\mathbf{C}$，線形$\}$（すなわち，$\alpha$ は $\mathfrak{h}$ の双対空間の元）を半単純リー代数 $\mathfrak{g}$ のルートという．

一見複雑な定義で，読者はイッタイコンナケッタイナモノ，ホンマニアルンカイナと思うかもしれない．1 つの行列に対しても，固有値は，固有多項式を解いて求め，それぞれの固有値に対して，対応する固有ベクトルを求めた．それがカルタン部分代数 $\mathfrak{h}$ のどんな元 H に対しても，同時に 1 つの固有ベクトルが定まるなど，よっぽど稀にしか起こらないことと思うのが普通の感覚であろう．ところが，そうではない．カルタン部分代数という部分代数のよい性質がここで反映するのである．

カルタン部分代数のよい性質　§4で述べたように，半単純リー代数 $\mathfrak{g}$ のカルタン部分代数 $\mathfrak{h}$ とは，$\mathfrak{h}$ のすべての元 H に対して，$\mathrm{ad}(H) \in \mathfrak{gl}(\mathfrak{g})$ が対角化可能であり，そのようなものの中で極大なものであった．このとき，$\mathfrak{h}$ は可換なリー代数になることを述べた．一般に可換なリー代数では，同時固有値をもつことを，次の命題は示している．

命題 5.1　$\mathfrak{l}$ を $\mathfrak{gl}(\mathfrak{g})$ の可換な部分リー代数とする．$\mathfrak{l}$ のすべての元が対角化可能であれば，ある1つの正則行列 $P(\in GL(\mathfrak{g}))$ が存在して，$\mathfrak{l}$ のすべての元 L に対して，$P^{-1}LP$ が対角行列となる．すなわち，$\mathfrak{l}$ は同時対角化可能である．

証明のキーポイント：2つの行列 L_1, L_2 が可換で対角化可能ならば，同時対角化可能ということがわかれば，たくさんの L_i に対しても同様に示すことができる．

2つの場合は次のように考えればよい．ひとまず，L_1 だけを対角行列に変換して $\tilde{L}_1 = P^{-1}L_1P$ は対角行列としよう．そのとき $\tilde{L}_2 = P^{-1}L_2P$ と $\tilde{L}_1$ も可換である．もしも $\tilde{L}_1$ の対角成分がすべて異なる場合には，簡単な計算で，$\tilde{L}_1$ と可換な行列は，対角行列に限ることがわかる．$\tilde{L}_1$ の対角成分に，k（≥ 2）個の同じ数 γ が並んでいる場合はどうか．その部分は，

$$\begin{bmatrix} \gamma & & 0 \\ & \ddots & \\ 0 & & \gamma \end{bmatrix} = \gamma E_k \qquad (E_k \text{ は } k \text{ 次単位行列})$$

と書くことができる．それと可換な $\tilde{L}_2$ の部分は k 次の行列であるが，それは対角化可能であるから，ある Q という k 次の正則行列で対角化できる．そのとき，$\tilde{L}_1$ の部分は，

$$Q^{-1}\begin{bmatrix} \gamma & & 0 \\ & \ddots & \\ 0 & & \gamma \end{bmatrix} Q = \gamma E_k$$

だから，やはり対角行列である．よって，Q による変換で $\tilde{L}_1$ も $\tilde{L}_2$ も同時に対角化される．これが証明の基本的アイディアである．

次の問で上の証明のあらすじを確認してみよう．

問 5.1 対角成分がすべて異なる対角行列 A と可換な行列 B ($AB = BA$)は対角行列であることを示せ.

問 5.2 $A = \begin{bmatrix} k & 0 & 0 \\ 0 & 2 & 0 \\ 0 & 0 & 2 \end{bmatrix}$ ($k \neq 2$) と可換な 3 次正方行列は,

$$\begin{bmatrix} a & 0 & 0 \\ 0 & b & c \\ 0 & d & e \end{bmatrix}$$

の形となることを示せ.

ルートの存在 以上により,半単純リー代数 $\mathfrak{g}$ のカルタン部分代数 $\mathfrak{h}$ に対して,次が成り立つことがわかった. $\mathfrak{h}$ は可換で,そのすべての $H \in \mathfrak{h}$ に対して $\mathrm{ad}(H) \in \mathfrak{gl}(\mathfrak{g})$ は対角化可能である.このとき,重要な上の命題 5.1 より,すべて同時に対角化され,線形空間 $\mathfrak{g}$ の基底 $\boldsymbol{v} = \{\boldsymbol{v}_1, \cdots, \boldsymbol{v}_n\}$ が同時固有ベクトルとなる. H に対して対角行列 $\mathrm{ad}(H)$ の i 番目の成分を $\alpha_i(H)$ と書くと, $k_i \in \mathbf{C}$ に対して

$$\alpha_i(k_1 H_1 + k_2 H_2) = k_1 \alpha_i(H_1) + k_2 \alpha_i(H_2)$$

をみたすから, $\alpha_i : \mathfrak{h} \to \mathbf{C}$ ($i = 1, 2, \cdots, n = \dim \mathfrak{g}$) は線形写像となる.したがって, α_i ($i = 1, 2, \cdots, n$)が(同じ写像は同じものとみて)ルートとなる. $H, X \in \mathfrak{h}$ に対し,

$$\mathrm{ad}(H)(X) = [H, X] = 0 = 0X$$

だから,零写像 $0 : \mathfrak{h} \to \mathbf{C}$ もルートとなり,その固有空間は $\mathfrak{h}$ (が最大可換部分代数であったから)と一致する.よって,ルートは 0 とそれ以外の $(n - \dim \mathfrak{h})$ 個以下の $\mathfrak{h}^* = \{\beta : \mathfrak{h} \to \mathbf{C}$, 線形写像$\}$ の元である.(実際は,常に $(n - \dim \mathfrak{h})$ 個存在していることがわかる.) さて,0 でないルートの集合を Δ と表し,**ルート系**と呼ぼう. Δ は $\mathfrak{h}^*$ の有限個の(常に $(n - \dim \mathfrak{h})$ 個の) 0 でない点(ノンゼロベクトル)であり,ルートは $\Delta \cup \{0\}$ の 1 つの元である.

ルート分解　$\mathrm{ad}(H)$（$H \in \mathfrak{h}$）は同時対角化されるから，それぞれのルート α（同時固有値）に対応する固有空間

$$\mathfrak{g}_\alpha = \{X \in \mathfrak{g} : \mathrm{ad}(H)(X) = \alpha(H)X, \ \forall H \in \mathfrak{h}\}$$

が定まり，

$$\mathfrak{g} = \mathfrak{g}_0 \oplus \sum_{\alpha \in \Delta} \mathfrak{g}_\alpha$$

と直和分解される．ここで $\mathfrak{g}_0$ は 0（$\in \mathfrak{h}^*$）固有値に対応する固有空間で，極大可換部分代数 $\mathfrak{h}$ に等しい．上の分解を，半単純リー代数 $\mathfrak{g}$ の（カルタン部分代数 $\mathfrak{h}$ による）**ルート分解**という．

何はともあれ，半単純リー代数のルートを，具体的に例で調べてみよう．

特殊線形リー代数 $\mathfrak{sl}(m, \mathbf{C})$（$m \geq 2$）のルート　半単純リー代数

$$\mathfrak{g} = \mathfrak{sl}(m, \mathbf{C}) = \{X \in \mathfrak{gl}(m, \mathbf{C})\ ;\ \mathrm{Tr}(X)\,(\equiv \textstyle\sum_i x_{ii}) = 0\}$$

のカルタン部分代数として，

$$\mathfrak{h} = \left\{ \begin{bmatrix} h_1 & & 0 \\ & \ddots & \\ 0 & & h_m \end{bmatrix} : h_i \in \mathbf{C}, \ \textstyle\sum_i h_i = 0 \right\}$$

をとる．これは $(m-1)$ 次元線形空間である．(m^2-1) 次元線形空間 $\mathfrak{sl}(m, \mathbf{C})$ の元を，その各行を左から順に並べて，最後の第 m 行は左から $(m-1)$ 個だけ順に並べた (m^2-1) 次元ベクトルと考えよう．すなわち E_{ij} を (i, j) 成分のみ 1 で他の成分はすべて 0 の m 次正方行列として，$\mathfrak{sl}(m, \mathbf{C})$ の m^2-1 個の基底を，順に

$$\{E_{11} - E_{mm}, E_{12}, \cdots, E_{1m}, E_{21}, E_{22} - E_{mm}, \\ \cdots, E_{2m}, \cdots, E_{m1}, \cdots, E_{m\,m-1}\}$$

ととることである．$\mathfrak{h}$ の基底として，

$$\{E_{11} - E_{mm}, E_{22} - E_{mm}, \cdots, E_{m-1\,m-1} - E_{mm}\}$$

がとれる．このとき，すべての $H \in \mathfrak{h}$ に対して (m^2-1) 次正方行列 $\mathrm{ad}(H)$ は，すでに対角行列となっている．実際，

$$H = \begin{bmatrix} h_1 & & 0 \\ & \ddots & \\ 0 & & h_m \end{bmatrix} = \sum_{i=1}^{m} h_i E_{ii}, \qquad h_i \in \mathbf{C}, \quad h_m = -\sum_{i=1}^{m-1} h_i,$$

とすると，次のように表される：

$$\mathrm{ad}(H) = \begin{bmatrix} 0 & & & & & & & & 0 \\ & h_1 - h_2 & & & & & & & \\ & & \ddots & & & & & & \\ & & & h_1 - h_m & & & & & \\ & & & & h_2 - h_1 & & & & \\ & & & & & 0 & & & \\ & & & & & & h_2 - h_3 & & \\ & & & & & & & \ddots & \\ 0 & & & & & & & & h_m - h_{m-1} \end{bmatrix}.$$

問 5.3 $\mathfrak{sl}(3, \mathbf{C}) \ni H = \begin{bmatrix} a & 0 & 0 \\ 0 & b & 0 \\ 0 & 0 & -a-b \end{bmatrix}$, $X = \begin{bmatrix} p & q & r \\ s & t & u \\ v & w & -p-t \end{bmatrix}$ に対し，$\mathrm{ad}(H)(X) = [H, X]$ を計算し，上の式を確かめよ．

対角行列 H に対し i 番目の対角成分 h_i を対応させる線形写像を $\lambda_i \in \mathfrak{h}^*$ と定めると（$\lambda_i(H) = h_i$），ルートの定義より，$(m^2 - m)$ 個の元

$$\alpha_{ij} = \lambda_i - \lambda_j \qquad (i \neq j)$$

が 0 でないルートとなる．よって，ノンゼロルートの集合（ルート系）$\triangle$ は，

$$\triangle = \{ \alpha_{ij} \,;\, 1 \leq i, j \leq m, \ i \neq j \}$$

と表される．$\mathrm{ad}(H)(E_{ij}) = (h_i - h_j) E_{ij}$ だから，固有値 α_{ij} に対する固有ベクトル空間は $\mathfrak{g}_{\alpha_{ij}} = \{ kE_{ij} \,;\, k \in \mathbf{C} \}$ という 1 次元線形空間となり，

$$\mathfrak{sl}(m, \mathbf{C}) = \mathfrak{h} \oplus \sum_{i \neq j} \mathfrak{g}_{\alpha_{ij}}$$

が $\mathfrak{sl}(m, \mathbf{C})$ のルート分解である．

$\mathfrak{o}(2m+1,\mathbf{C})$ のルート　§4 で,

$$\mathfrak{h}=\left\{\left[\begin{array}{c:ccc:ccc} 0 & & 0 & & & 0 & \\ \hdashline & & & & b_1 & & \\ 0 & & \mathbf{0} & & & \ddots & \\ & & & & & & b_m \\ \hdashline & -b_1 & & & & & \\ 0 & & \ddots & & & \mathbf{0} & \\ & & & -b_m & & & \end{array}\right] ;\ b_i\in\mathbf{C}\right\}$$

が極大可換部分代数になることを説明した. このすべての元 $H\in\mathfrak{h}$ に対し, $\mathrm{ad}(H)$ が対角化可能であることを示して, $\mathfrak{h}$ がカルタン部分代数であることを証明し, 同時固有値であるルートと, 同時固有ベクトルを(同時に)決定しよう. 同時固有値, 同時固有ベクトルなどは, すべて随伴表現をもとにした概念であるから, 同型なリー代数で計算すればよい.

§2 で与えた $\mathrm{Ad}(T^{-1}):\mathfrak{g}_J\to\mathfrak{g}_{\tilde{J}={}^tTJT}$ による同型写像を用いて, 使いやすい $\mathfrak{g}_{\tilde{J}}$ に変換しよう. $\mathfrak{o}(2m+1,\mathbf{C})$ は

$$\mathfrak{g}_{E_{2m+1}}=\{X\in\mathfrak{gl}(2m+1,\mathbf{C})\ ;\ {}^tXE_{2m+1}+E_{2m+1}X=0\}$$

と表される.

$$\tilde{J}=\begin{bmatrix}1&0&0\\0&0&E_m\\0&E_m&0\end{bmatrix}$$

とおくと, $\mathrm{rank}(E_{2m+1})=\mathrm{rank}(\tilde{J})=2m+1$ であり, 定理2.1より, $(2m+1)$ 次正則行列 T が存在し,

$$\tilde{J}={}^tTE_{2m+1}T$$

となる. 具体的には, $T=\begin{bmatrix}1&0&0\\0&\dfrac{1}{\sqrt{2}}E_m&\dfrac{1}{\sqrt{2}}E_m\\0&-\dfrac{i}{\sqrt{2}}E_m&\dfrac{i}{\sqrt{2}}E_m\end{bmatrix}$ とすればよい.

したがって,

$$\tilde{\mathfrak{o}}(2m+1,\mathbf{C}) = \{\, X \in \mathfrak{gl}(2m+1,\mathbf{C})\ ;\ {}^tX\tilde{J} + \tilde{J}X = 0 \,\}$$

は，$\mathfrak{o}(2m+1,\mathbf{C})$ と同型のリー代数となる．

$\tilde{\mathfrak{o}}(2m+1,\mathbf{C}) \ni X$ を $2m+1 = 1+m+m$ に区分けして，

$$X = \begin{bmatrix} X_{11} & X_{12} & X_{13} \\ X_{21} & X_{22} & X_{23} \\ X_{31} & X_{32} & X_{33} \end{bmatrix}$$

と書くと，

$$X \in \tilde{\mathfrak{o}}(2m+1,\mathbf{C})$$
$$\Longleftrightarrow \begin{cases} X_{11} = 0, \quad X_{21} = -{}^tX_{13}, \quad X_{31} = -{}^tX_{12} \\ X_{33} = -{}^tX_{22}, \quad {}^tX_{23} = -X_{23}, \quad {}^tX_{32} = -X_{32} \end{cases}$$

となる．この部分代数として

$$\tilde{\mathfrak{h}} = \mathrm{Ad}(T^{-1})(\mathfrak{h}) = \left\{ \left[\begin{array}{c:ccc:ccc} 0 & & 0 & & & 0 & \\ \hdashline & b_1 & & & & & \\ 0 & & \ddots & & & \text{\Large 0} & \\ & & & b_m & & & \\ \hdashline & & & & -b_1 & & \\ 0 & & \text{\Large 0} & & & \ddots & \\ & & & & & & -b_m \end{array}\right] ;\ b_i \in \mathbf{C} \right\}$$

が極大可換部分代数となる．

$$H = \left[\begin{array}{c:ccc:ccc} 0 & & 0 & & & 0 & \\ \hdashline & b_1 & & & & & \\ 0 & & \ddots & & & \text{\Large 0} & \\ & & & b_m & & & \\ \hdashline & & & & -b_1 & & \\ 0 & & \text{\Large 0} & & & \ddots & \\ & & & & & & -b_m \end{array}\right] \in \tilde{\mathfrak{h}}$$

に対し，次の等式たちが成り立つ．

$1 \leq i, j \leq m,\ i \neq j$ として,

$$\mathrm{ad}(H)(E_{1\,j+1} - E_{m+j+1\,1}) = -b_j(E_{1\,j+1} - E_{m+j+1\,1}),$$

$$\mathrm{ad}(H)(E_{1\,m+j+1} - E_{j+1\,1}) = b_j(E_{1\,m+j+1} - E_{j+1\,1}),$$

$$\mathrm{ad}(H)(E_{1+i\,1+j} - E_{1+m+j\,1+m+i}) = (b_i - b_j)(E_{1+i\,1+j} - E_{1+m+j\,1+m+i}),$$

$$\mathrm{ad}(H)(E_{1+i\,1+m+j} - E_{1+j\,1+m+i}) = (b_i + b_j)(E_{1+i\,1+m+j} - E_{1+j\,1+m+i}),$$

$$\mathrm{ad}(H)(E_{1+m+i\,1+j} - E_{1+m+j\,1+i}) = -(b_i + b_j)(E_{1+m+i\,1+j} - E_{1+m+j\,1+i}),$$

$$\mathrm{ad}(H)(E_{1+j\,1+j} - E_{1+m+j\,1+m+j}) = 0$$

である.

問 5.4 $\mathfrak{o}(5, \mathbf{C})$ の中の

$$H = \begin{bmatrix} 0 & 0 & 0 & 0 & 0 \\ 0 & a & 0 & 0 & 0 \\ 0 & 0 & b & 0 & 0 \\ 0 & 0 & 0 & -a & 0 \\ 0 & 0 & 0 & 0 & -b \end{bmatrix}, \qquad X = \begin{bmatrix} 0 & p & q & r & s \\ -r & t & u & 0 & x \\ -s & v & w & -x & 0 \\ -p & 0 & y & -t & -v \\ -q & -y & 0 & -u & -w \end{bmatrix}$$

に対し, $\mathrm{ad}(H)(X) = [H, X]$ を計算し, 上の式を確かめよ.

$\mathfrak{o}(2m+1, \mathbf{C})$ の線形空間としての次元は $2m^2 + m$ であるが, その基底として, 次の式で表される 6 種類の形のものがとれる:

$$E_{1\,j+1} - E_{m+j+1\,1}, \quad (1 \leq j \leq m) \qquad E_{1\,m+j+1} - E_{j+1\,1}, \quad (1 \leq j \leq m)$$

$$E_{1+i\,1+j} - E_{1+m+j\,1+m+i}, \quad (1 \leq i,\ j \leq m,\ i \neq j) \qquad E_{1+i\,1+m+j} - E_{1+j\,1+m+i}, \quad (1 \leq i < j \leq m)$$

$$E_{1+m+i\,1+j} - E_{1+m+j\,1+i}, \quad (1 \leq i < j \leq m) \qquad E_{1+j\,1+j} - E_{1+m+j\,1+m+j} \quad (1 \leq j \leq m).$$

それぞれの個数は,

$$m, \ m, \ m^2 - m, \ \frac{m(m-1)}{2}, \ \frac{m(m-1)}{2}, \ m$$

であり，合計 $2m^2 + m$ 個である．

上の式より，それぞれは，固有値

$$-b_j, \ b_j, \ b_i - b_j, \ b_i + b_j, \ -b_i + b_j, \ 0$$

の固有ベクトルになっている．

$H \in \tilde{\mathfrak{h}}$ に対して，$\mathrm{ad}(H)$ は対角成分のみであり，$\tilde{\mathfrak{h}}$ はカルタン部分代数である．上の H に対して

$$-b_j, \ b_j \ (1 \leq j \leq m), \ b_i - b_j \ (1 \leq i, j \leq m, \ i \neq j),$$
$$b_i + b_j, \ -b_i - b_j \ (1 \leq i < j \leq m)$$

を対応させる

$$m + m + (m^2 - m) + \frac{m(m-1)}{2} + \frac{m(m-1)}{2} = 2m^2 \quad 個$$

の $\tilde{\mathfrak{h}}$ 上の線形写像

$$-\lambda_j, \lambda_j, \lambda_i - \lambda_j, \lambda_i + \lambda_j, -\lambda_i - \lambda_j : \tilde{\mathfrak{h}} \to \mathbf{C}$$

が $\tilde{\mathfrak{o}}(2m+1, \mathbf{C})$ の 0 でないルートとなる．これらのルートを $\alpha_i (1 \leq i \leq 2m^2)$ と書く．ノンゼロルートの集合（ルート系）$\triangle$ は，

$$\triangle = \{\alpha_1, \cdots, \alpha_{2m^2}\}$$

と表される．

$\alpha = \alpha_i$ に対応する固有ベクトルは，5 種類の元たちの集合

$$\{E_{1j+1} - E_{m+j+11}, \ E_{1m+j+1} - E_{j+11}, \ E_{1+i1+j} - E_{1+m+j1+m+i},$$
$$E_{1+i1+m+j} - E_{1+j1+m+i}, \ E_{1+m+i1+j} - E_{1+m+j1+i}\}$$

の 1 つの元で生成される 1 次元線形空間であるが，それを $\mathfrak{g}_\alpha$ と書く．例えば $\alpha = \lambda_i - \lambda_j$ ならば，

$$\mathfrak{g}_\alpha = \mathbf{C}(E_{1+i1+j} - E_{1+m+j1+m+i}).$$

これらの定義から，$\tilde{\mathfrak{o}}(2m+1, \mathbf{C})$ のルート分解

$$\tilde{\mathfrak{o}}(2m+1, \mathbf{C}) = \tilde{\mathfrak{h}} \oplus \sum_{\alpha \in \triangle} \mathfrak{g}_\alpha, \qquad \triangle = \{\alpha_1, \cdots, \alpha_{2m^2}\}$$

を得る．

$\mathfrak{o}(2m, \mathbf{C})$ のルート　$\mathfrak{o}(2m, \mathbf{C})$ のルートの計算は $\mathfrak{o}(2m+1, \mathbf{C})$ の議論の第1行と第1列をとり除いた部分そのままである．$2m$ 次正則行列

$$T = \begin{bmatrix} \frac{1}{\sqrt{2}} E_m & \frac{1}{\sqrt{2}} E_m \\ -\frac{i}{\sqrt{2}} E_m & \frac{i}{\sqrt{2}} E_m \end{bmatrix}$$

をとり，$\tilde{J} = {}^tTE_{2m}T$ を計算すると，

$$\tilde{J} = \begin{bmatrix} 0 & E_m \\ E_m & 0 \end{bmatrix}$$

となり，

$$\tilde{\mathfrak{o}}(2m, \mathbf{C}) = \mathrm{Ad}(T^{-1})\,\mathfrak{o}(2m, \mathbf{C}) = \{\, X \in \mathfrak{gl}(2m, \mathbf{C})\ ;\ {}^tX\tilde{J} + \tilde{J}X = 0 \,\}$$

を得る．$X = \begin{bmatrix} X_{11} & X_{12} \\ X_{21} & X_{22} \end{bmatrix}$ と m 次正方行列たちに区分けすると，

$$X \in \tilde{\mathfrak{o}}(2m, \mathbf{C}) \iff X_{22} = -{}^tX_{11},\ X_{12} = -{}^tX_{12},\ X_{21} = -{}^tX_{21}$$

となる．この部分代数として

$$\tilde{\mathfrak{h}} = \mathrm{Ad}(T^{-1})(\mathfrak{h}) = \left\{ \begin{bmatrix} b_1 & & & & & 0 \\ & \ddots & & & & \\ & & b_m & & & \\ & & & -b_1 & & \\ & & & & \ddots & \\ 0 & & & & & -b_m \end{bmatrix} ;\ b_i \in \mathbf{C} \right\}$$

が極大可換部分代数となる．

$$H = \begin{bmatrix} b_1 & & & & & 0 \\ & \ddots & & & & \\ & & b_m & & & \\ & & & -b_1 & & \\ & & & & \ddots & \\ 0 & & & & & -b_m \end{bmatrix} \in \tilde{\mathfrak{h}}$$

に対し，次の等式たちが成り立つ．

$$\mathrm{ad}(H)(E_{ij}-E_{m+j\,m+i})=(b_i-b_j)(E_{ij}-E_{m+j\,m+i})\,(1\leq i,\ j\leq m,\ i\neq j),$$
$$\mathrm{ad}(H)(E_{i\,m+j}-E_{j\,m+i})=(b_i+b_j)(E_{i\,m+j}-E_{j\,m+i})\,(1\leq i<j\leq m),$$
$$\mathrm{ad}(H)(E_{m+i\,j}-E_{m+j\,i})=-(b_i+b_j)(E_{m+i\,j}-E_{m+j\,i})\,(1\leq i<j\leq m),$$
$$\mathrm{ad}(H)(E_{jj}-E_{m+j\,m+j})=0\,(1\leq j\leq m)$$

である.

$\mathfrak{o}(2m,\mathbf{C})$ の線形空間としての次元は $2m^2-m$ であるが，その基底として，次の式で表される 4 種類の形のものがとれる：

$$E_{ij}-E_{m+j\,m+i}\ (1\leq i,j\leq m,\ i\neq j),$$
$$E_{i\,m+j}-E_{j\,m+i},\ E_{m+i\,j}-E_{m+j\,i}\ (1\leq i<j\leq m),$$
$$E_{jj}-E_{m+j\,m+j}\ (1\leq j\leq m)$$

それぞれの個数は，

$$m^2-m,\ \frac{m(m-1)}{2},\ \frac{m(m-1)}{2},\ m\ \text{個}$$

であり，合計 $2m^2-m$ 個である.

上の式より，それぞれは，固有値

$$b_i-b_j\ (i\neq j),\ b_i+b_j\ (i<j),\ -(b_i+b_j)\ (i<j),\ 0$$

の固有ベクトルになっている.

$H\in\tilde{\mathfrak{h}}$ に対して $\mathrm{ad}(H)$ は対角成分のみであり，$\tilde{\mathfrak{h}}$ はカルタン部分代数である．上の H に対して

$$b_i-b_j\ (1\leq i,j\leq m,\ i\neq j),\ b_i+b_j,$$
$$-b_i-b_j\ (1\leq i<j\leq m)$$

を対応させる.

$$(m^2-m)+\frac{m(m-1)}{2}+\frac{m(m-1)}{2}=2m^2-2m\ \text{個}$$

の $\tilde{\mathfrak{h}}$ 上の線形写像

$$\lambda_i - \lambda_j, \lambda_i + \lambda_j, -\lambda_i - \lambda_j : \tilde{\mathfrak{h}} \to \mathbf{C}$$

が $\tilde{\mathfrak{o}}(2m, \mathbf{C})$ の0でないルートとなる．これらのルートを α_i ($1 \leq i \leq 2m^2 - 2m$)と書く．ノンゼロルートの集合（ルート系）$\triangle$ は，

$$\triangle = \{\alpha_1, \cdots, \alpha_{2m^2-2m}\}$$

と表される．

$\alpha = \alpha_i$ に対応する固有ベクトルは，3種類の元たちの集合

$$\{E_{ij} - E_{m+j\,m+i}, E_{i\,m+j} - E_{j\,m+i}, E_{m+ij} - E_{m+ji}\}$$

の1つの元で生成される1次元線形空間であるが，それを $\mathfrak{g}_\alpha$ と書く．例えば $\alpha = \lambda_i - \lambda_j$ ならば，

$$\mathfrak{g}_\alpha = \mathbf{C}(E_{ij} - E_{m+j\,m+i}).$$

これらの定義から，$\tilde{\mathfrak{o}}(2m, \mathbf{C})$ のルート分解

$$\tilde{\mathfrak{o}}(2m, \mathbf{C}) = \tilde{\mathfrak{h}} \oplus \sum_{\alpha \in \triangle} \mathfrak{g}_\alpha, \qquad \triangle = \{\alpha_1, \cdots, \alpha_{2m^2-2m}\}$$

を得る．

$\mathfrak{sp}(m, \mathbf{C})$ のルート　シンプレクティックリー代数 $\mathfrak{sp}(m, \mathbf{C})$ は，

$$\mathfrak{sp}(m, \mathbf{C}) = \left\{ X = \begin{bmatrix} X_{11} & X_{12} \\ X_{21} & X_{22} \end{bmatrix} \in \mathfrak{gl}(2m, \mathbf{C}) ; \right.$$

$$X_{22} = -{}^t X_{11}, X_{12} = {}^t X_{12}, X_{21} = {}^t X_{21} \}$$

とも書かれた．例えば，$\mathfrak{sp}(2, \mathbf{C})$ の元は

$$\begin{bmatrix} p & q & t & u \\ r & s & u & v \\ w & x & -p & -r \\ x & y & -q & -s \end{bmatrix}$$

という形である．

極大可換部分代数として

$$\mathfrak{h}=\{\begin{bmatrix} b_1 & & & & & 0 \\ & \ddots & & & & \\ & & b_m & & & \\ & & & -b_1 & & \\ & & & & \ddots & \\ 0 & & & & & -b_m \end{bmatrix};\ b_i\in\mathbf{C}\}$$

がとれた.

次の計算からはじめよう.

問 5.5 $\left[\begin{bmatrix} a & & & 0 \\ & b & & \\ & & -a & \\ 0 & & & -b \end{bmatrix}, \begin{bmatrix} p & q & t & u \\ r & s & u & v \\ w & x & -p & -r \\ x & y & -q & -s \end{bmatrix}\right]$ を計算せよ.

上の問の計算を一般の m でおこなうと, 次が得られる.

$$H=\begin{bmatrix} b_1 & & & & & 0 \\ & \ddots & & & & \\ & & b_m & & & \\ & & & -b_1 & & \\ & & & & \ddots & \\ 0 & & & & & -b_m \end{bmatrix}$$

に対し, $1\le i,j\le m$, $i\ne j$ として,

$$\mathrm{ad}(H)(E_{ij}-E_{m+j\,m+i})=(b_i-b_j)(E_{ij}-E_{m+j\,m+i}),$$

$$\mathrm{ad}(H)(E_{i\,m+j}+E_{j\,m+i})=(b_i+b_j)(E_{i\,m+j}+E_{j\,m+i}), \qquad i<j$$

$$\mathrm{ad}(H)(E_{m+i\,j}+E_{m+j\,i})=-(b_i+b_j)(E_{m+i\,j}+E_{m+j\,i}), \qquad i<j$$

$$\mathrm{ad}(H)(E_{i\,m+i})=2b_iE_{i\,m+i},$$

$$\mathrm{ad}(H)(E_{m+i\,i})=-2b_iE_{m+i\,i},$$

$$\mathrm{ad}(H)(E_{ii}-E_{m+i\,m+i})=0.$$

よって ad(H) は対角成分のみからなる.

$$(m^2-m)+\frac{m(m-1)}{2}+\frac{m(m-1)}{2}+2m=2m^2 \quad 個$$

の $\mathfrak{h}$ 上の線形写像

$$\lambda_i-\lambda_j, \lambda_i+\lambda_j, -(\lambda_i+\lambda_j), 2\lambda_i, -2\lambda_i : \mathfrak{h}\to\mathbf{C}$$

が 0 でないルートの集合となり，それを Δ と書くと，

$$\mathfrak{g}=\mathfrak{h}\oplus\sum_{\alpha\in\Delta}\mathfrak{g}_\alpha$$

というルート分解が得られる．

これら $\mathfrak{sl}(m, \mathbf{C})$，$\mathfrak{o}(2m+1, \mathbf{C})$，$\mathfrak{o}(2m, \mathbf{C})$，$\mathfrak{sp}(m, \mathbf{C})$ たち（ほとんどすべての半単純リー代数）のルート系の共通する性質，異なる性質は何であろうか．これに対する答は次の §6 で述べる．

§ 6. ルートの性質

古典型半単純リー代数 $\mathfrak{sl}(m, \mathbf{C}), \mathfrak{o}(2m+1, \mathbf{C}), \mathfrak{sp}(m, \mathbf{C}), \mathfrak{o}(2m, \mathbf{C})$ のルートとそのルート分解

$$\mathfrak{g} = \mathfrak{g}_0 \oplus \sum_{\alpha \in \Delta} \mathfrak{g}_\alpha, \qquad \mathfrak{g}_0 = \mathfrak{h}$$

を与えた．この節では，半単純リー代数すべてに（古典型，例外型ともに）成り立つ性質を１つずつ積み上げて，共通する性質をみてみよう．

半単純リー代数 $\mathfrak{g}$ のルート $\Delta \cup \{0\}$ の元は，カルタン部分代数から $\mathbf{C}$ への線形写像全体 $\mathfrak{h}^*$ の元であるから，和をとれる．γ がルートでないとき，$\mathfrak{g}_\gamma = \{0\}$ とするから，2つのルート $\alpha, \beta \in \Delta \cup \{0\}$ に対し $\alpha + \beta$ がルートでない（すなわち，$\alpha + \beta \notin \Delta \cup \{0\}$ となる）とき，$\mathfrak{g}_{\alpha+\beta} = \{0\}$ と考える．

命題 6.1 α, β を半単純リー代数 $\mathfrak{g}$ の2つのルートとする（すなわち，$\alpha, \beta \in \Delta \cup \{0\}$）．そのとき，$X \in \mathfrak{g}_\alpha$, $Y \in \mathfrak{g}_\beta$ ならば，$[X, Y] \in \mathfrak{g}_{\alpha+\beta}$．

［証明］ ヤコビの恒等式より，すべての $H \in \mathfrak{h}$ に対し，

$$\begin{aligned}[H, [X, Y]] &= [[H, X], Y] + [X, [H, Y]] \\ &= \alpha(H)[X, Y] + \beta(H)[X, Y] \\ &= (\alpha + \beta)(H)[X, Y].\end{aligned}$$

これは，$[X, Y] \in \mathfrak{g}_{\alpha+\beta}$ を意味している． ◇

命題 6.2 半単純リー代数 $\mathfrak{g}$ の2つのルート α, β（$\in \Delta \cup \{0\}$）に対し，

$$\alpha + \beta \neq 0 \implies B(\mathfrak{g}_\alpha, \mathfrak{g}_\beta) = 0.$$

すなわち，このとき，任意の $X \in \mathfrak{g}_\alpha$, $Y \in \mathfrak{g}_\beta$ に対して，$B(X, Y) = 0$．

［証明］ $B(X, Y) = \mathrm{Tr}(\mathrm{ad}(X)\,\mathrm{ad}(Y))$ であった．$\mathrm{ad}(Y)$ は $\mathfrak{g}_\gamma$ を $\mathfrak{g}_{\beta+\gamma}$ に移し，$\mathrm{ad}(X)\,\mathrm{ad}(Y)$ は $\mathfrak{g}_\gamma$ を $\mathfrak{g}_{\alpha+\beta+\gamma}$ に移す．$\alpha + \beta \neq 0$ より，$\mathfrak{g}_\gamma$ の行き先は $\mathfrak{g}_\gamma$ とは異なる．よって，$\mathrm{ad}(X)\,\mathrm{ad}(Y)$ を行列表示すると，対角成分はすべて0となり

$$\mathrm{Tr}(\mathrm{ad}(X)\,\mathrm{ad}(Y)) = 0. \quad \Diamond$$

系 6.1 $\mathfrak{h}$を半単純リー代数$\mathfrak{g}$のカルタン部分代数とする．

$$\alpha \in \triangle \implies B(\mathfrak{h}, \mathfrak{g}_\alpha) = 0 .$$

［証明］ $\mathfrak{h} = \mathfrak{g}_0$ で，$\alpha + 0 = \alpha \neq 0$ よりわかる． ◇

例 6.1 $\mathfrak{g} = \mathfrak{sl}(2, \mathbf{C}) = \{\begin{bmatrix} a & b \\ c & -a \end{bmatrix}\}$ としたとき，$\alpha_1 = \lambda_1 - \lambda_2$, $\alpha_2 = \lambda_2 - \lambda_1$,

$\mathfrak{h} = \{\begin{bmatrix} a & 0 \\ 0 & -a \end{bmatrix}\}$, $\mathfrak{g}_{\alpha_1} = \{\begin{bmatrix} 0 & b \\ 0 & 0 \end{bmatrix}\}$, $\mathfrak{g}_{\alpha_2} = \{\begin{bmatrix} 0 & 0 \\ c & 0 \end{bmatrix}\}$ であり，

$$B(\begin{bmatrix} a & b \\ c & -a \end{bmatrix}, \begin{bmatrix} p & q \\ r & -p \end{bmatrix}) = 4(2ap + br + cq)$$

だったから，

$$B(\mathfrak{h}, \mathfrak{g}_{\alpha_1}) = B(\mathfrak{h}, \mathfrak{g}_{\alpha_2}) = B(\mathfrak{g}_{\alpha_1}, \mathfrak{g}_{\alpha_1}) = B(\mathfrak{g}_{\alpha_2}, \mathfrak{g}_{\alpha_2}) = 0 ,$$
$$B(\mathfrak{h}, \mathfrak{h}) \neq 0, \quad B(\mathfrak{g}_{\alpha_1}, \mathfrak{g}_{\alpha_2}) \neq 0 . \quad \diamond$$

命題 6.3 半単純リー代数$\mathfrak{g}$において，$\alpha \in \triangle \implies -\alpha \in \triangle$．$\mathfrak{g}_\alpha$の任意の元 $0 \neq X \in \mathfrak{g}_\alpha$ に対し，$Y \in \mathfrak{g}_{-\alpha}$ が存在して，$B(X, Y) \neq 0$.

［証明］ 前命題より，$\beta \in \triangle \cup \{0\}$, $\beta \neq -\alpha$ ならば，$B(\mathfrak{g}_\beta, \mathfrak{g}_\alpha) = 0$ である．もし $-\alpha \notin \triangle$ ならば，$\mathfrak{g}_{-\alpha} = \{0\}$ だから，$B(\mathfrak{g}_{-\alpha}, \mathfrak{g}_\alpha) = 0$.

$\mathfrak{g} = \mathfrak{h} \oplus \sum_{\beta \in \triangle} \mathfrak{g}_\beta$ だから，$-\alpha \notin \triangle \implies B(\mathfrak{g}, \mathfrak{g}_\alpha) = 0$ となり，$\mathfrak{g}$が半単純であることの定義であるBの非退化性に矛盾する．

また，同様に $X \in \mathfrak{g}_\alpha$ に対し，$\beta \neq -\alpha$ ならば，$B(\mathfrak{g}_\beta, X) = 0$ であり，Bの非退化性より，$B(\mathfrak{g}_{-\alpha}, X) \neq 0$. よって，$Y \in \mathfrak{g}_{-\alpha}$ が存在して，$B(X, Y) \neq 0$. ◇

命題 6.4 半単純リー代数$\mathfrak{g}$のカルタン部分代数$\mathfrak{h}$に，$\mathfrak{g}$のキリング形式Bを制限すると，Bは非退化となる．

［証明］ 系6.1より，$\alpha \in \triangle$ ならば $B(\mathfrak{g}_\alpha, \mathfrak{h}) = 0$. $B(\mathfrak{h}, H) = 0$ となる $0 \neq H \in \mathfrak{h}$ が存在すると仮定すると，$\mathfrak{g} = \mathfrak{h} \oplus \sum_{\alpha \in \triangle} \mathfrak{g}_\alpha$ だから，$B(\mathfrak{g}, H) = 0$ となり，Bの非退化性に矛盾する． ◇

例 6.2 $\mathfrak{sl}(m, \mathbf{C})$ のカルタン部分代数 $\mathfrak{h}$ の元

$$H_1 = \begin{bmatrix} b_1 & & & 0 \\ & \ddots & & \\ & & b_{m-1} & \\ 0 & & & b_m \end{bmatrix}, \qquad H_2 = \begin{bmatrix} c_1 & & & 0 \\ & \ddots & & \\ & & c_{m-1} & \\ 0 & & & c_m \end{bmatrix}$$

$(\sum_i b_i = 0,\ \sum_i c_i = 0)$ に対し，

$$\begin{aligned} B(H_1, H_2) &= 2m \sum_{i=1}^{m} b_i c_i \\ &= 2m\Big(\sum_{i=1}^{m-1} b_i c_i + \big(\sum_{i=1}^{m-1} b_i \big) \big(\sum_{j=1}^{m-1} c_j \big) \Big) \end{aligned}$$

となり，B を表す対称行列は

$$B = 2m \begin{bmatrix} 2 & 1 & \cdots & 1 & 1 \\ 1 & 2 & \cdots & 1 & 1 \\ \vdots & & \ddots & & \vdots \\ 1 & 1 & \cdots & 2 & 1 \\ 1 & 1 & \cdots & 1 & 2 \end{bmatrix}$$

である．この $(m-1)$ 次正方行列の行列式は $(2m)^{m-1} m \neq 0$ だから，B を $\mathfrak{h}$ に制限したものは非退化となる． ◇

命題 6.5 $H_1, H_2 \in \mathfrak{h}$ とする．そのとき，

$$B(H_1, H_2) = \sum_{\alpha \in \Delta} n_\alpha \alpha(H_1) \alpha(H_2), \qquad \text{ただし } n_\alpha = \dim \mathfrak{g}_\alpha .$$

（実は，すべての α に対し $n_\alpha = 1$ であることが，古典型リー代数の例からわかり，一般的にはこの節の後半で証明を与える.）

[証明] トレースは変らないから，$\mathrm{ad}(H)$ を対角型にして計算すると，$H \in \mathfrak{h}$ に対して，

$$B(H, H) = \mathrm{Tr}(\mathrm{ad}(H)\, \mathrm{ad}(H)) = \sum n_\alpha \alpha(H)^2 .$$

$B(H_1, H_2)$ は極化の計算法

$$B(H_1, H_2) = \frac{1}{2} \{ B(H_1 + H_2, H_1 + H_2) - B(H_1, H_1) - B(H_2, H_2) \}$$

によりわかる． ◇

命題 6.6 $H \in \mathfrak{h}$ がすべてのルート α に対し $\alpha(H) = 0$ ならば $H = 0$.

[**証明**] $\alpha(H) = 0$ より，勝手な $\mathfrak{h}$ の元 H' に対して，

$$B(H, H') = \sum_{\alpha \in \triangle} n_\alpha \alpha(H)\, \alpha(H') = 0\,.$$

命題 6.4 より，$\mathfrak{h}$ 上で B は非退化だから，$H = 0$. ◇

命題 6.7 ルート $\alpha \in \triangle$ 全体の張る $\mathfrak{h}^*$ の線形部分空間 $\mathbf{C}\triangle$ は，$\mathfrak{h}^*$ と一致する．
（$\mathfrak{h}^*$ は前に述べたように，$\mathfrak{h}$ から $\mathbf{C}$ への線形写像全体のなす線形空間.）

[**証明**] ルート $\alpha \in \triangle$ 全体の張る線形空間を $\mathbf{C}\triangle \subset \mathfrak{h}^*$ に対し，前命題より，$\mathbf{C}\triangle$ のすべての元 $f : \mathfrak{h} \to \mathbf{C}$ に対して $f(H) = 0$ となるのは，$H = 0$ に限る．これから，$\dim \mathbf{C}\triangle \geq \dim \mathfrak{h}$ がわかる．$\dim \mathfrak{h}^* = \dim \mathfrak{h}$ だから，$\dim \mathbf{C}\triangle \geq \dim \mathfrak{h}^*$.
よって $\mathbf{C}\triangle = \mathfrak{h}^*$. ◇

キリング形式 B の $\mathfrak{h}$ への制限は非退化であることを示した．一方，ルートは $\mathfrak{h}^* = \{\gamma : \mathfrak{h} \to \mathbf{C}, 線形\}$ の元である．$\gamma \in \mathfrak{h}^*$ に対して，$\gamma(H)$ は複素数だから，

$$B(t_\gamma, H) = \gamma(H)$$

が，すべての H に対して成り立つ $t_\gamma \in \mathfrak{h}$ が，B の非退化性よりただ1つ定まる．次の写像は $\mathfrak{h}^*$ から $\mathfrak{h}$ への線形同型を与える：

$$t : \gamma \mapsto t_\gamma$$

上の t_γ の定義の式は，これから何度もでてくる重要な式である．

コルートの定義　半単純リー代数 $\mathfrak{g}$ のルート $\alpha \in \triangle \cup \{0\} \subset \mathfrak{h}^*$ に対し，$t_\alpha \in \mathfrak{h}$ と表される元を半単純リー代数 $\mathfrak{g}$ の**コルート**という．$0 \in \mathfrak{h}$ と等しくないコルートをノンゼロコルートという．ノンゼロコルート全体のなす集合は $\mathfrak{h}$ の有限個の元からなる部分集合であるが，それを Φ（$\subset \mathfrak{h}$）と書き，**コルート系**と呼ぶ．コルート全体のなす集合は $\Phi \cup \{0\}$ で，やはり $\mathfrak{h}$ の有限個の元からなる部分集合である．

例 6.3 $\mathfrak{sl}(m,\mathbf{C})$ のカルタン部分代数 $\mathfrak{h}=\left\{\begin{bmatrix} h_1 & & 0 \\ & \ddots & \\ 0 & & h_m \end{bmatrix};\ \sum_i h_i=0\right\}$ に対して，$\gamma_i:\mathfrak{h}\to\mathbf{C}$ $(1\leq i\leq m-1)$ を，$\gamma_i\left(\begin{bmatrix} h_1 & & 0 \\ & \ddots & \\ 0 & & h_m \end{bmatrix}\right)=h_i$ で定める．

そのとき，

$$t_{\gamma_i}=\frac{1}{2m^2}\{-E_{11}-E_{22}-\cdots+(m-1)E_{ii}-\cdots-E_{mm}\}\in\mathfrak{h}. \quad \diamondsuit$$

問 6.1 上を示せ．

よって $\mathfrak{sl}(m,\mathbf{C})$ のルート $\alpha_{ij}=\gamma_i-\gamma_j\in\mathfrak{h}^*$ に対し，コルート $t_{\alpha_{ij}}$ は

$$t_{\alpha_{ij}}=\frac{1}{2m}(E_{ii}-E_{jj})$$

と表される．§7 でもう一度説明する．

命題 6.8 半単純リー代数 $\mathfrak{g}$ のルート $\alpha\in\Delta$ に対し，$X\in\mathfrak{g}_\alpha$, $Y\in\mathfrak{g}_{-\alpha}$ とすると，

$$[X,Y]=B(X,Y)\,t_\alpha.$$

[証明] $[X,Y]=Z$ とおくと，$Z\in\mathfrak{g}_0=\mathfrak{h}$. 勝手な $\mathfrak{h}$ の元 H に対し，キリング形式の公式(命題 3.1)より，

$$\begin{aligned} B(Z,H)&=B([X,Y],H)=-B(Y,[X,H])=B(Y,\alpha(H)X)\\ &=\alpha(H)B(X,Y)=B(t_\alpha,H)B(X,Y)=B(B(X,Y)t_\alpha,H). \end{aligned}$$

B は非退化だから，$Z=B(X,Y)\,t_\alpha$ が結論される． $\diamondsuit$

命題 6.9 $0\neq X\in\mathfrak{g}_\alpha$ に対して，$Y\in\mathfrak{g}_{-\alpha}$ がとれて，$[X,Y]=t_\alpha$ とできる．もし $V\subset\mathfrak{g}$ が $\mathrm{ad}(X)$, $\mathrm{ad}(Y)$ で不変な $\mathfrak{g}$ の部分空間ならば(すなわち，$\mathrm{ad}(X)(V)\subset V$, $\mathrm{ad}(Y)(V)\subset V$ ならば)，

$$\mathrm{Tr}(\mathrm{ad}(t_\alpha)\,|\,V)=0.$$

ただし，$\mathrm{ad}(t_\alpha)\,|\,V$ は，$\mathrm{ad}(t_\alpha)$ の V への制限を表す．

[証明]　命題 6.3 より，$Y' \in \mathfrak{g}_{-\alpha}$ がとれて，$B(X, Y') = c \neq 0$. 上の命題より

$$[X, Y'] = B(X, Y')\, t_\alpha = c t_\alpha$$

だから，$Y = \dfrac{1}{c} Y'$ とおくと，$[X, Y] = t_\alpha$.

一般に行列 A, B に対し，$\mathrm{Tr}[A, B] = 0$ である．ad はリー代数の準同型だから $\mathrm{ad}(t_\alpha) = [\mathrm{ad}(X), \mathrm{ad}(Y)]$. よって，$\mathrm{Tr}(\mathrm{ad}(t_\alpha) \mid V) = 0$.　◇

$\mathfrak{h}^*$ の双 1 次形式 $B^* : \mathfrak{h}^* \times \mathfrak{h}^* \to \mathbf{C}$ を

$$B^*(\alpha, \beta) = B(t_\alpha, t_\beta)\ \ (= \alpha(t_\beta) = \beta(t_\alpha)), \qquad \alpha, \beta \in \mathfrak{h}^*,$$

で定める．B が非退化であるから，B^* も $\mathfrak{h}^*$ 上の非退化な双 1 次形式となる．

いままでの命題たちを使い，同じ論法で次の 3 つの定理を得る．

定理 6.1　α, β を半単純リー代数 $\mathfrak{g}$ の 2 つのノンゼロルートとする．そのとき，有理数 $q_{\beta\alpha}$ が存在して

$$B^*(\beta, \alpha) = q_{\beta\alpha} B^*(\alpha, \alpha).$$

さらに，$B^*(\alpha, \alpha)$ は正の有理数となる．

注意：$B^*(\beta, \alpha), B^*(\alpha, \alpha)$ は，定義から直接には，複素数としかわからないが，上の数たちは，実数，しかも有理数となるという驚くべき結果であるが，さらに，以下では，$2q_{\beta\alpha}$ は整数となることまでも示す．

[証明]　$\triangle$（ノンゼロルートの集合）は有限集合だから，k を整数とすると，有限個の $\beta + k\alpha$ だけが $\triangle$ に含まれる．γ がルートでないとき，$\mathfrak{g}_\gamma = \{0\}$ としたから，$V = \sum_{k \in \mathbf{Z}} \mathfrak{g}_{\beta + k\alpha}$ は $\mathfrak{g}$ の部分空間である．

$X \neq 0$ である $X \in \mathfrak{g}_\alpha$ を 1 つ選ぶ．命題 6.9 より，$Y \in \mathfrak{g}_{-\alpha}$ が存在して，$[X, Y] = t_\alpha$. 命題 6.1 より，$[\mathfrak{g}_\alpha, \mathfrak{g}_{\beta + k\alpha}] \subset \mathfrak{g}_{\beta + (k+1)\alpha}$ だから $\mathrm{ad}(X)(V) \subset V$, 同様に $\mathrm{ad}(Y)(V) \subset V$ である．したがって命題 6.9 より，

$$\mathrm{Tr}(\mathrm{ad}(t_\alpha) \mid V) = 0.$$

$d_k = \dim(\mathfrak{g}_{\beta + k\alpha})$ とおく．$\mathrm{ad}(t_\alpha)$ の $\mathfrak{g}_{\beta + k\alpha}$ 上の固有値が，

$$(\beta + k\alpha)(t_\alpha) = B(t_{\beta + k\alpha}, t_\alpha) = B^*(\beta + k\alpha, \alpha) = B^*(\beta, \alpha) + k B^*(\alpha, \alpha)$$

だから（ルートの定義を忘れずに！），トレースが計算できて，

$$\mathrm{Tr}(\mathrm{ad}(t_\alpha)\mid V) = \sum_k d_k(B^*(\beta,\alpha) + kB^*(\alpha,\alpha)) = 0.$$

$\sum_k d_k > 0$ より，この方程式を解いて，

$$B^*(\beta,\alpha) = -\frac{\sum kd_k}{\sum d_k}B^*(\alpha,\alpha)$$

を得る．$q_{\beta\alpha} = -\dfrac{\sum kd_k}{\sum d_k}$ とおけば，$q_{\beta\alpha}$ は有理数となる．ここで，$B^*(\alpha,\alpha)=0$ と仮定すると，いま証明したことにより $B^*(\beta,\alpha)=0$ が，すべての $\beta\in\triangle$ に対して成り立つことになり，$\triangle$ は $\mathfrak{h}^*$ を張っていたから（命題 6.7），$B^*(\gamma,\alpha) = 0, \forall\gamma\in\mathfrak{h}^*$，となり B^* の非退化性に反する．よって $B^*(\alpha,\alpha)\neq 0$ が示された．

$B^*(\alpha,\alpha) = B(t_\alpha, t_\alpha)$ であるが，これは命題 6.5 より，$\sum_{\beta\in\triangle}\dim\mathfrak{g}_\beta\,\beta(t_\alpha)^2$ に等しい．$\beta(t_\alpha) = B^*(\beta,\alpha) = q_{\beta\alpha}B^*(\alpha,\alpha)$ より，等式

$$B^*(\alpha,\alpha) = \sum_{\beta\in\triangle}\dim\mathfrak{g}_\beta\,{q_{\beta\alpha}}^2B^*(\alpha,\alpha)^2$$

を得る．$B^*(\alpha,\alpha)\neq 0$ で両辺を割って，

$$B^*(\alpha,\alpha) = \left(\textstyle\sum_{\beta\in\triangle}\dim\mathfrak{g}_\beta\,{q_{\beta\alpha}}^2\right)^{-1}$$

を得る．これは，正の有理数である． ◇

定理 6.2 ノンゼロルート $\alpha\in\triangle$ に対し，$\dim\mathfrak{g}_\alpha = 1$．また，$k\alpha\in\triangle$, $k\in\mathbf{Z}$，ならば，$k=\pm 1$．

［**証明**］ $X\in\mathfrak{g}_\alpha$ に対し，命題 6.9 より $Y\in\mathfrak{g}_{-\alpha}$ がとれて，$[X, Y] = t_\alpha$ となる．$\mathfrak{g}$ の部分空間 V を，$V = \mathbf{C}Y + \mathbf{C}t_\alpha + \sum_{k\geq 1}\mathfrak{g}_{k\alpha}$ とする．ルートの定義から，$\mathrm{ad}(t_\alpha)(X) = \alpha(t_\alpha)X$．よって，

$$\mathrm{ad}(X)(t_\alpha) = -\mathrm{ad}(t_\alpha)(X) = -\alpha(t_\alpha)X\in\mathfrak{g}_\alpha\subset V.$$

同じような議論より，V は $\mathrm{ad}(X)$ でも $\mathrm{ad}(Y)$ でも不変なことがわかる．したがって，命題 6.9 より，$\mathrm{Tr}(\mathrm{ad}(t_\alpha)\mid V) = 0$．

一方，$Y\in\mathfrak{g}_{-\alpha}$ より，

$$\mathrm{ad}(t_\alpha)(Y) = -\alpha(t_\alpha)Y = -B(t_\alpha, t_\alpha)Y = -B^*(\alpha,\alpha)Y.$$

よって，

$$\mathrm{Tr}(\mathrm{ad}(t_\alpha)\mid(\mathbf{C}Y)) = -B^*(\alpha,\alpha).$$

また，$d_k = \dim\mathfrak{g}_{k\alpha}$ （$k = 1, 2, \cdots$）とおくと，定理 6.1 の証明より，

$$\mathrm{Tr}(\mathrm{ad}(t_\alpha)\mid V) = B^*(\alpha,\alpha)(-1 + d_1 + 2d_2 + \cdots).$$

これが0に等しく，定理6.1より $B^*(\alpha,\alpha)\neq 0$ で，かつ $d_k\geq 0$ であるから，$d_1=1$, $d_k=0$（$k\geq 2$）を得る．α を $-\alpha$ に変えて，$d_k=0$（$k\leq -2$）も同時に成り立つことがわかる． ◇

定理 6.3 α,β を半単純リー代数 $\mathfrak{g}$ の2つの異なるノンゼロルートとする．$-q\leq k\leq p$ をみたすすべての整数 k に対し，$\beta+k\alpha$ がルートで，$\beta-(q+1)\alpha$, $\beta+(p+1)\alpha$ がともにルートでない整数 p,q（ただし，$p,q\geq 0$）をとる（これは可能）．このとき，

$$q-p=\frac{2B^*(\beta,\alpha)}{B^*(\alpha,\alpha)}$$

が成立する．

したがって，$\alpha,\beta\in\Delta$ に対し，

$$c_{\beta\alpha}=\frac{2B^*(\beta,\alpha)}{B^*(\alpha,\alpha)}$$

とおくと，$c_{\beta\alpha}$ は整数となり，これが**カルタン整数**と呼ばれる大事な数である．これが整数となることが，ルートの重要な性質である．

$$c_{\beta_1\alpha}+c_{\beta_2\alpha}=c_{\beta_1+\beta_2\,\alpha}$$

であるが，α に関しては線形とは限らず，また一般には，$c_{\beta\alpha}\neq c_{\alpha\beta}$．

[**定理 6.3 の証明**] $\mathfrak{g}$ の部分空間 V を，

$$V=\sum_{k=-q}^{p}\mathfrak{g}_{\beta+k\alpha}$$

とおいて，定理6.1とまったく同じ議論を行う，定理6.2より，$d_k=1$（$-q\leq k\leq p$）だから，

$$\begin{aligned}\mathrm{Tr}(\mathrm{ad}(t_\alpha)\mid V)&=\sum_{k=-q}^{p}\left(B^*(\beta,\alpha)+kB^*(\alpha,\alpha)\right)\\&=(p+q+1)B^*(\beta,\alpha)+\frac{1}{2}(p-q)(p+q+1)B^*(\alpha,\alpha)=0\end{aligned}$$

より，

$$q-p=\frac{2B^*(\beta,\alpha)}{B^*(\alpha,\alpha)}. \quad ◇$$

定理 6.3 で述べた $\beta + k\alpha$（$-q \leq k \leq p$）を，β **を含むルートの** α **系列**という．実は，この定理 6.3 を用いると，さらに，次が成立することもわかる．

定理 6.4 $\beta + k\alpha$ がルートであるような整数 k の最大値を p，最小値を $-q$ とすると，$\beta + k\alpha$ は，$-q \leq k \leq p$ となる整数 k に対し，すべてルートとなる．

［**証明**］ 定理 6.3 の p, q に対して，自然数 $r > p$ であって，$\beta + r\alpha$ がルートになることはありえず，また自然数 $s > q$ であって，$\beta - s\alpha$ がルートになることもありえないことを示そう．

$\beta + r\alpha$ がルートになるような $r > p$ が存在するとして，そのような r のうち，最小なものを r_1 とする．$\beta' = \beta + r_1\alpha$ とおき，β' を含むルートの α 系列

$$\beta' - q'\alpha = \beta + (r_1 - q')\alpha, \qquad \cdots, \qquad \beta' + p'\alpha = \beta + (r_1 + p')\alpha$$

を考えると，r_1 が最小だから，$q' = 0$ である．

定理 6.3 より，

$$\frac{2B^*(\beta', \alpha)}{B^*(\alpha, \alpha)} = -p' \leq 0 .$$

ところが，

$$\begin{aligned}\frac{2B^*(\beta', \alpha)}{B^*(\alpha, \alpha)} &= \frac{2B^*(\beta, \alpha)}{B^*(\alpha, \alpha)} + 2r_1 \\ &= q - p + 2r_1 \\ &= (r_1 - p) + r_1 + q > 0\end{aligned}$$

より矛盾となり，$\beta + r\alpha$（$r > p$）はルートになりえない．

同様に，$\beta - s\alpha$（$s > q$）もルートになりえない． ◇

系 6.2 定理 6.4 において，特に，

$$\beta - c_{\beta\alpha}\alpha$$

はルートとなる．

［**証明**］ $-q \leq -c_{\beta\alpha} = p - q \leq p$ よりわかる． ◇

$\mathfrak{sl}(2,\mathbf{C})$ と同型な部分リー代数たち　半単純リー代数 $\mathfrak{g}$ のノンゼロルート $\alpha\in\Delta$ に対し，命題6.9 より，$X\in\mathfrak{g}_\alpha$, $Y\in\mathfrak{g}_{-\alpha}$ で，$[X, Y]=t_\alpha$ となるものがとれた．$B^*(\alpha,\alpha)\neq 0$ だったから，

$$h_\alpha=\frac{2}{B^*(\alpha,\alpha)}t_\alpha$$

とおこう．そのとき，

$$e_\alpha=\left(\frac{2}{B^*(\alpha,\alpha)}\right)^{\frac{1}{2}}X\in\mathfrak{g}_\alpha,\qquad e_{-\alpha}=\left(\frac{2}{B^*(\alpha,\alpha)}\right)^{\frac{1}{2}}Y\in\mathfrak{g}_{-\alpha}$$

とおくと，

$$[h_\alpha, e_\alpha]=\alpha(h_\alpha)\,e_\alpha=B(t_\alpha, h_\alpha)\,e_\alpha=2e_\alpha,$$
$$[h_\alpha, e_{-\alpha}]=-\alpha(h_\alpha)\,e_{-\alpha}=-B(t_\alpha, h_\alpha)\,e_{-\alpha}=-2e_{-\alpha},$$
$$[e_\alpha, e_{-\alpha}]=\frac{2}{B^*(\alpha,\alpha)}[X, Y]=h_\alpha$$

となる．

$\mathfrak{sl}(2,\mathbf{C})$ の基底　$H=\begin{bmatrix}1 & 0\\ 0 & -1\end{bmatrix}$, $E=\begin{bmatrix}0 & 1\\ 0 & 0\end{bmatrix}$, $F=\begin{bmatrix}0 & 0\\ 1 & 0\end{bmatrix}$ に対して，

$$[H,E]=2E,\quad [H,F]=-2F,\quad [E,F]=H$$

であったから，$\{h_\alpha, e_\alpha, e_{-\alpha}\}$ で張られる $\mathfrak{g}$ の3次元部分リー代数は，$\mathfrak{sl}(2,\mathbf{C})$ と同型なリー代数となる．

§ 7. コルートの具体的な計算

半単純リー代数 $\mathfrak{g}$ のルート系 Δ は，カルタン部分代数 $\mathfrak{h}$ の双対 $\mathfrak{h}^*$ の有限部分集合であり，コルート系 Φ は，カルタン部分代数 $\mathfrak{h}$ の有限部分集合であった．$\mathfrak{h}^*$ も $\mathfrak{h}$ も同じ次元（l としよう．これを $\mathfrak{g}$ の階数と呼んだ）の複素線形空間である．

これら $\Delta \subset \mathfrak{h}^*$, $\Phi \subset \mathfrak{h}$ は，それぞれ l 次元の実線形空間 $\mathfrak{h}_{\mathbf{R}}^*, \mathfrak{h}_{\mathbf{R}}$ の中に含まれていることを示し，古典型半単純リー代数に対し，その具体的な形を調べてみよう．

実カルタン部分代数　半単純リー代数 $\mathfrak{g}$ のカルタン部分代数を $\mathfrak{h}$ とするとき，非退化なキリング形式 $B: \mathfrak{h} \times \mathfrak{h} \to \mathbf{C}$ を用いてできる同型写像 $t: \mathfrak{h}^* \to \mathfrak{h}$ が，

$$B(t(\gamma), H) = \gamma(H) \qquad (\forall \gamma \in \mathfrak{h}^*,\ \forall H \in \mathfrak{h})$$

により定まる．ノンゼロルート $\alpha(\in \mathfrak{h}^*)$ の t による像 $t_\alpha = t(\alpha)$ をノンゼロコルートと呼び，ノンゼロルート全体のなす有限集合を Δ（$\subset \mathfrak{h}^*$），ノンゼロコルート全体のなす有限集合を Φ（$\subset \mathfrak{h}$）と書き，それぞれルート系，コルート系と呼んだ．

いままでの結果を使うと，実は t_α（$\alpha \in \Delta$）はすべて，$\mathfrak{h}_{\mathbf{R}}$ という（次元が $\mathfrak{h}$ と同じ）実線形空間に含まれていることがわかる．以下でこれを説明しよう．

$$\mathfrak{h}_{\mathbf{R}} = \sum_{\alpha_i \in \Delta} \mathbf{R}\, t_{\alpha_i} \subset \mathfrak{h}$$

という，実数体 $\mathbf{R}$ を係数としてノンゼロコルート t_{α_i} たちで張られる $\mathfrak{h}$ の実線形部分空間を考えよう．（$\mathbf{C}$ 上の）線形空間 $\mathfrak{h}$ の次元を l とする．

命題 7.1　（$\mathbf{R}$ 上の）線形空間 $\mathfrak{h}_{\mathbf{R}}$ の次元は l である．すべての $H \in \mathfrak{h}_{\mathbf{R}}$ に対して，$\alpha \in \Delta$ ならば $\alpha(H) \in \mathbf{R}$ となる．B を $\mathfrak{h}_{\mathbf{R}} \times \mathfrak{h}_{\mathbf{R}}$ に制限すると，内積（すなわち，実数値をとる正値対称双 1 次形式）となる．

[**証明**] まず $\alpha(H) \in \mathbf{R}$ （$H \in \mathfrak{h}_{\mathbf{R}}$）を示そう．$H = \sum_{\alpha_i \in \Delta} k_i t_{\alpha_i}$ （$k_i \in \mathbf{R}$）と書かれる．

$$\alpha(H) = B(t_\alpha, H) = \sum_{\alpha_i \in \Delta} k_i B(t_\alpha, t_{\alpha_i}) = \sum_{\alpha_i \in \Delta} k_i B^*(\alpha, \alpha_i) .$$

定理 6.1 より，これは

$$\textstyle\sum_{\alpha_i \in \Delta} k_i q_{\alpha\alpha_i} B^*(\alpha_i, \alpha_i)$$

に等しい．$q_{\alpha\alpha_i} \in \mathbf{Q}$, $B^*(\alpha_i, \alpha_i) \in \mathbf{Q}$ より，$\alpha(H) \in \mathbf{R}$ となる．また，同じく定理 6.1 より，$B(t_{\alpha_i}, t_{\alpha_j}) \in \mathbf{Q}$ だから，B は $\mathfrak{h}_{\mathbf{R}} \times \mathfrak{h}_{\mathbf{R}}$ 上で実数値となり，対称双 1 次形式であるが，命題 6.5 より

$$B(H, H) = \sum_{\alpha_i \in \Delta} \dim \mathfrak{g}_{\alpha_i} \alpha_i(H)^2 \geq 0 .$$

等号は，$\alpha_i(H) = 0$, $\forall \alpha_i \in \Delta$, のとき成立するが，命題 6.6 より，そのとき，$H = 0$. よって $\mathfrak{h}_{\mathbf{R}} \times \mathfrak{h}_{\mathbf{R}}$ 上で B は内積となる．

$\dim_{\mathbf{C}} \mathfrak{h} = l$, $\mathbf{C}\Delta = \mathfrak{h}^*$ （命題 6.7）より，l 個の $\mathbf{C}$ 上線形独立な元 $\alpha_1, \cdots, \alpha_l \in \Delta$ がとれて，$t_{\alpha_1}, \cdots, t_{\alpha_l}$ が（$\mathbf{C}$ 上）$\mathfrak{h}$ を張るようにできる．このとき，$t_{\alpha_1}, \cdots, t_{\alpha_l}$ は $\mathfrak{h}_{\mathbf{R}}$ に含まれていて，$\mathbf{C}$ 上線形独立だから，$\mathbf{R}$ 上も線形独立である．$H \in \mathfrak{h}_{\mathbf{R}}$ の任意の元は，

$$H = \sum_{i=1}^{l} c_i t_{\alpha_i} \qquad (c_i \in \mathbf{C})$$

と書かれる．$1 \leq j \leq l$ に対し，

$$\alpha_j(H) = \sum_{i=1}^{l} c_i \alpha_j(t_{\alpha_i}) = \sum_{i=1}^{l} c_i B(t_{\alpha_j}, t_{\alpha_i}) \in \mathbf{R}$$

である．l 次正方行列 $B(t_{\alpha_j}, t_{\alpha_i})$ は，成分はすべて実数であるが，$\mathfrak{h}$ 上の非退化形式を表しているものだから，正則行列であった．したがって，c_i を $\alpha_j(H)$ から解くことが実数の範囲でできることになり，$c_i \in \mathbf{R}$ （$1 \leq i \leq l$）が結論される．よって，$\mathfrak{h}_{\mathbf{R}}$ は，t_{α_i}（$1 \leq i \leq l$）によって $\mathbf{R}$ 上で張られるから，

$$\dim_{\mathbf{R}} \mathfrak{h}_{\mathbf{R}} = l$$

となる． ◇

このように定まった l 次元実線形空間 $\mathfrak{h}_{\mathbf{R}}$ を，**実カルタン部分代数**という．上の証明より，次も成立する．

命題 7.2 実カルタン部分代数 $\mathfrak{h}_{\mathbf{R}}$ の双対 $\mathfrak{h}_{\mathbf{R}}^*$ を,

$$\mathfrak{h}_{\mathbf{R}}^* := \{ f : \mathfrak{h}_{\mathbf{R}} \to \mathbf{R}, \text{線形} \}$$

と定めると，すべてのノンゼロルート $\alpha_i \in \Delta$ に対して，$\alpha_i \in \mathfrak{h}_{\mathbf{R}}^*$ で,

$$\mathfrak{h}_{\mathbf{R}}^* = \sum_{\alpha_i \in \Delta} \mathbf{R}\alpha_i .$$

［証明］ 命題7.1より，$\sum_{\alpha_i \in \Delta} \mathbf{R}\alpha_i \subset \mathfrak{h}_{\mathbf{R}}^*$ であるが，命題6.7より，（$\mathbf{R}$上でも）同じ次元となり，一致する． ◇

$\mathfrak{h}_{\mathbf{R}}$ 上の内積 B の正規直交基底をひと組定めて，それを，l 次元ユークリッド空間 $\mathbf{R}^l$ の標準基底と対応させることにより，コルート系 $\Phi \subset \mathfrak{h}_{\mathbf{R}}$ を，$\Phi \subset \mathbf{R}^l$ と考えることができる．この節では，各古典型半単純リー代数に対して，具体的にコルート系 Φ をユークリッド空間 $\mathbf{R}^l$ の中に求めよう．

$\mathfrak{sl}(m, \mathbf{C})$ のコルート系 Φ 例6.3や問6.1で述べたことをもう一度復習しよう．

カルタン部分代数を

$$\mathfrak{h} = \left\{ \begin{bmatrix} h_1 & & 0 \\ & \ddots & \\ 0 & & h_m \end{bmatrix} ; h_i \in \mathbf{C},\ \sum_{i=1}^{m} h_i = 0 \right\}$$

にとると，ノンゼロルートたちは,

$$\alpha_{ij} : \mathfrak{h} \to \mathbf{C}$$

（ただし，$H = \begin{bmatrix} h_1 & & 0 \\ & \ddots & \\ 0 & & h_m \end{bmatrix} \in \mathfrak{h}$ に対し，$\alpha_{ij}(H) = \lambda_i(H) - \lambda_j(H) = h_i - h_j$ （$1 \leq j \leq m$））で与えられた．

$K = \begin{bmatrix} k_1 & & 0 \\ & \ddots & \\ 0 & & k_m \end{bmatrix} \in \mathfrak{h}$ に対して,

$$B(H,K)=2m\sum_{i=1}^{m}h_ik_i$$

であった．E_{ij} を，(i,j) 成分のみが 1 で，あとは 0 の m 次正方行列とするとき，

$$B\left(\frac{1}{2m}(E_{ii}-E_{jj}),H\right)=h_i-h_j$$

が，すべての $H=\begin{bmatrix} h_1 & & 0 \\ & \ddots & \\ 0 & & h_m \end{bmatrix}\in\mathfrak{h}$ に対して成立するから，m^2-m 個のコルート $t_{\alpha_{ij}}$ ($1\leq i,j\leq m$, $i\neq j$) たちは，

$$t_{\alpha_{ij}}=\frac{1}{2m}(E_{ii}-E_{jj})\in\mathfrak{h}$$

で与えられる．よって，$t_{\alpha_{ij}}$ ($\alpha_{ij}\in\triangle$) で $\mathbf{R}$ 上で生成される実カルタン部分代数 $\mathfrak{h}_{\mathbf{R}}$ は $(m-1)$ 次元で，

$$\mathfrak{h}_{\mathbf{R}}=\left\{\begin{bmatrix} h_1 & & 0 \\ & \ddots & \\ 0 & & h_m \end{bmatrix};\ h_i\in\mathbf{R},\ \sum_{i=1}^{m}h_i=0\right\}$$

と書かれる．

$\mathfrak{h}_{\mathbf{R}}$ のキリング形式に対する正規直交基底は，グラム・シュミットの方法で求められる．この正規直交基底をユークリッド空間の自然基底と考え，$\mathfrak{h}_{\mathbf{R}}$ をユークリッド空間とみなし，その中で，m^2-m 個のコルートたち

$$t_{\alpha_{ij}}=\frac{1}{2m}(E_{ii}-E_{jj})\qquad (1\leq i,j\leq m,\ i\neq j)$$

を図示すればよい．

問 7.1　$\mathfrak{g}=\mathfrak{sl}(3,\mathbf{C})$ のとき，

$$\left\{\ \boldsymbol{v}_1=\begin{bmatrix} \frac{\sqrt{3}}{6} & & 0 \\ & 0 & \\ 0 & & -\frac{\sqrt{3}}{6} \end{bmatrix},\ \boldsymbol{v}_2=\begin{bmatrix} -\frac{1}{6} & & 0 \\ & \frac{1}{3} & \\ 0 & & -\frac{1}{6} \end{bmatrix}\right\}$$

が，$\mathfrak{h}_{\mathbf{R}}$ のひと組の正規直交基底となることを確認せよ．

問 7.2 問 7.1 の $\boldsymbol{v}_1, \boldsymbol{v}_2$ を基底として考え，$\mathfrak{h}_{\mathbf{R}}$ を 2 次元ユークリッド空間とみなすとき，Φ の元 $t_{\alpha_{12}}, t_{\alpha_{21}}, t_{\alpha_{23}}, t_{\alpha_{32}}, t_{\alpha_{13}}, t_{\alpha_{31}}$ は

$$\left(\frac{\sqrt{3}}{6}, -\frac{1}{2}\right), \quad \left(-\frac{\sqrt{3}}{6}, \frac{1}{2}\right), \quad \left(\frac{\sqrt{3}}{6}, \frac{1}{2}\right),$$

$$\left(-\frac{\sqrt{3}}{6}, -\frac{1}{2}\right), \quad \left(\frac{\sqrt{3}}{3}, 0\right), \quad \left(-\frac{\sqrt{3}}{3}, 0\right)$$

となり下図で表されることを示せ．

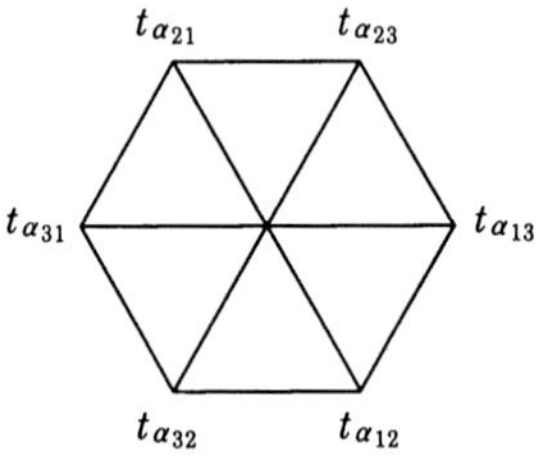

問 7.3 $\mathfrak{sl}(4, \mathbf{C})$ に対して $\mathfrak{h}_{\mathbf{R}}$ の正規直交基底をきめ，Φ の元 $t_{\alpha_{ij}}$ ($1 \leq i, j \leq 4$, $i \neq j$) を求めよ．この答を図示すると，$\mathbf{R}^3$ の中に点対称な 12 個の点を得る．これらを頂点とする立体は，どのような形をしているであろうか？

$\mathfrak{o}(2m+1, \mathbf{C})$ のコルート系 Φ リー代数 $\mathfrak{o}(2m+1, \mathbf{C})$ の Φ の定義とルートは §5 で説明したから，そこを参照しつつ読み進もう．カルタン部分代数

$$\tilde{\mathfrak{h}} = \left\{ \left[\begin{array}{c:ccc:ccc} 0 & & 0 & & & 0 & \\ \hdashline & b_1 & & & & & \\ 0 & & \ddots & & & 0 & \\ & & & b_m & & & \\ \hdashline & & & & -b_1 & & \\ 0 & & 0 & & & \ddots & \\ & & & & & & -b_m \end{array}\right] ; b_i \in \mathbf{C} \right\}$$

のキリング形式は，(同型なリー代数のキリング形式は等しいことから)，$\mathfrak{o}(2m+1, \mathbf{C})$ のキリング形式の計算より，

$$B(X,\,Y) = 2(2m-1)\sum_{i=1}^{m} b_i c_i\,,$$

ただし，

$$X = \left[\begin{array}{c|ccc|ccc} 0 & & 0 & & & 0 & \\ \hline & b_1 & & & & & \\ 0 & & \ddots & & & \mathbf{0} & \\ & & & b_m & & & \\ \hline & & & & -b_1 & & \\ 0 & & \mathbf{0} & & & \ddots & \\ & & & & & & -b_m \end{array}\right],$$

$$Y = \left[\begin{array}{c|ccc|ccc} 0 & & 0 & & & 0 & \\ \hline & c_1 & & & & & \\ 0 & & \ddots & & & \mathbf{0} & \\ & & & c_m & & & \\ \hline & & & & -c_1 & & \\ 0 & & \mathbf{0} & & & \ddots & \\ & & & & & & -c_m \end{array}\right],$$

で与えられる．$2m^2$ 個の（$\mathfrak{h}$ から $\mathbf{C}$ への線形写像）$\pm\lambda_j, \lambda_i - \lambda_j, \pm(\lambda_i + \lambda_j)$ がノンゼロルートであった．これらに対するノンゼロコルート $t_{\pm\lambda_j}, t_{\lambda_i - \lambda_j}$, $t_{\pm(\lambda_i+\lambda_j)}$ は，$H \in \tilde{\mathfrak{h}}$ に対する次の式

$$B\left(\frac{1}{2(2m-1)}\left[\begin{array}{c|ccc|ccc} 0 & & 0 & & & 0 & \\ \hline & 0 & & & & & \\ 0 & & 1 & & & \mathbf{0} & \\ & & & 0 & & & \\ \hline & & & & 0 & & \\ 0 & & \mathbf{0} & & & -1 & \\ & & & & & & 0 \end{array}\right],\ H\right) = \lambda_j(H)$$

などにより，

$$t_{\pm\lambda_j}=\pm\frac{1}{2(2m-1)}\left[\begin{array}{c|ccc|ccc} 0 & & 0 & & & 0 & \\ \hline & 0 & & & & & \\ 0 & & 1 & & & \mathbf{0} & \\ & & & 0 & & & \\ \hline & & & & 0 & & \\ 0 & & \mathbf{0} & & & -1 & \\ & & & & & & 0 \end{array}\right],$$

$$t_{\lambda_i-\lambda_j}=t_{\lambda_i}-t_{\lambda_j},\quad t_{\lambda_i+\lambda_j}=t_{\lambda_i}+t_{\lambda_j},\quad t_{-\lambda_i-\lambda_j}=t_{-\lambda_i}+t_{-\lambda_j}$$

となる．よって，実カルタン部分代数 $\tilde{\mathfrak{h}}_{\mathbf{R}}$ は，

$$\tilde{\mathfrak{h}}_{\mathbf{R}}=\left\{\left[\begin{array}{c|ccc|ccc} 0 & & 0 & & & 0 & \\ \hline & b_1 & & & & & \\ 0 & & \ddots & & & \mathbf{0} & \\ & & & b_m & & & \\ \hline & & & & -b_1 & & \\ 0 & & \mathbf{0} & & & \ddots & \\ & & & & & & -b_m \end{array}\right];\ b_i\in\mathbf{R}\right\}$$

となるが，この正規直交基底は

$$\boldsymbol{v}_j=\{2(2m-1)\}^{-\frac{1}{2}}\left[\begin{array}{c|ccc|ccc} 0 & & 0 & & & 0 & \\ \hline & 0 & & & & & \\ 0 & & 1 & & & \mathbf{0} & \\ & & & 0 & & & \\ \hline & & & & 0 & & \\ 0 & & \mathbf{0} & & & -1 & \\ & & & & & & 0 \end{array}\right]\in\tilde{\mathfrak{h}}_{\mathbf{R}}$$

$(j=1,\cdots,m)$ となり，これにより $\tilde{\mathfrak{h}}_{\mathbf{R}}$ はユークリッド空間とみなされる．

問 7.4　$\mathfrak{o}(5,\mathbf{C})$ のコルート系 Φ を，$\tilde{\mathfrak{h}}_{\mathbf{R}}=\mathbf{R}^2$ の中の 8 個の点として表せ．また，$\mathfrak{o}(7,\mathbf{C})$ のコルート系 Φ を，$\tilde{\mathfrak{h}}_{\mathbf{R}}=\mathbf{R}^3$ の中の 18 個の点として表せ．

$\tilde{\mathfrak{o}}(2m+1,\mathbf{C})$ の実カルタン部分代数 $\tilde{\mathfrak{h}}_{\mathbf{R}}$ の正規直交基底 $\{\boldsymbol{v}_j\}$ $(j=1,\cdots,m)$ に対し，$t_{\lambda_j}=\{2(2m-1)\}^{-\frac{1}{2}}\boldsymbol{v}_j$ だから，$2m+(m^2-m)+(m^2-m)=2m^2$ 個の

$$\pm\{2(2m-1)\}^{-\frac{1}{2}}\boldsymbol{v}_j, \qquad \{2(2m-1)\}^{-\frac{1}{2}}(\boldsymbol{v}_i-\boldsymbol{v}_j),$$

$$\pm\{2(2m-1)\}^{-\frac{1}{2}}(\boldsymbol{v}_i+\boldsymbol{v}_j)$$

が，コルート系 Φ となる．

$\mathfrak{o}(2m,\mathbf{C})$ のコルート系 Φ　　$\tilde{\mathfrak{o}}(2m,\mathbf{C})$ は $\tilde{\mathfrak{o}}(2m+1,\mathbf{C})$ の第１行と第１列をとり除いたものとみなされるから，$\tilde{\mathfrak{o}}(2m+1,\mathbf{C})$ の議論がそのまま使えて次のようになる．カルタン部分代数

$$\tilde{\mathfrak{h}}=\left\{\begin{bmatrix} b_1 & & & & & 0\\ & \ddots & & & & \\ & & b_m & & & \\ & & & -b_1 & & \\ & & & & \ddots & \\ 0 & & & & & -b_m\end{bmatrix} ;\ b_i\in\mathbf{C}\right\}$$

のキリング形式は

$$B\left(\begin{bmatrix} b_1 & & & & & 0\\ & \ddots & & & & \\ & & b_m & & & \\ & & & -b_1 & & \\ & & & & \ddots & \\ 0 & & & & & -b_m\end{bmatrix},\begin{bmatrix} c_1 & & & & & 0\\ & \ddots & & & & \\ & & c_m & & & \\ & & & -c_1 & & \\ & & & & \ddots & \\ 0 & & & & & -c_m\end{bmatrix}\right)$$

$$=2(2m-2)\sum_{i=1}^{m}b_ic_i$$

で与えられる．$2m^2-2m$ 個の $\tilde{\mathfrak{h}}$ から $\mathbf{C}$ への線形写像

$$\lambda_i-\lambda_j,\quad \pm(\lambda_i+\lambda_j) \qquad (1\leq i,j\leq m,\ i\neq j)$$

がノンゼロルートである．

$$\tilde{\mathfrak{h}}_{\mathbf{R}} = \left\{ \begin{bmatrix} b_1 & & & & & \text{\Large 0} \\ & \ddots & & & & \\ & & b_m & & & \\ & & & -b_1 & & \\ & & & & \ddots & \\ \text{\Large 0} & & & & & -b_m \end{bmatrix} ; b_i \in \mathbf{R} \right\}$$

であり，正規直交基底は，

$$\boldsymbol{v}_j = \{2(2m-2)\}^{-\frac{1}{2}} \begin{bmatrix} 0 & & & & & \text{\Large 0} \\ & 1 & & & & \\ & & 0 & & & \\ & & & 0 & & \\ & & & & -1 & \\ \text{\Large 0} & & & & & 0 \end{bmatrix} \qquad (j = 1, \cdots, m)$$

と表される．

コルート系 $\Phi = \{ t_\alpha ; \alpha \in \triangle \}$ は，

$$\{2(2m-2)\}^{-\frac{1}{2}} (\boldsymbol{v}_i - \boldsymbol{v}_j), \qquad \pm\{2(2m-2)\}^{-\frac{1}{2}} (\boldsymbol{v}_i + \boldsymbol{v}_j)$$

と表される $(m^2-m)+(m^2-m)=2m^2-2m$ 個の元の集まりである．

例 7.1 特に $m=2$ の場合は図示すると次のようになる． ◇

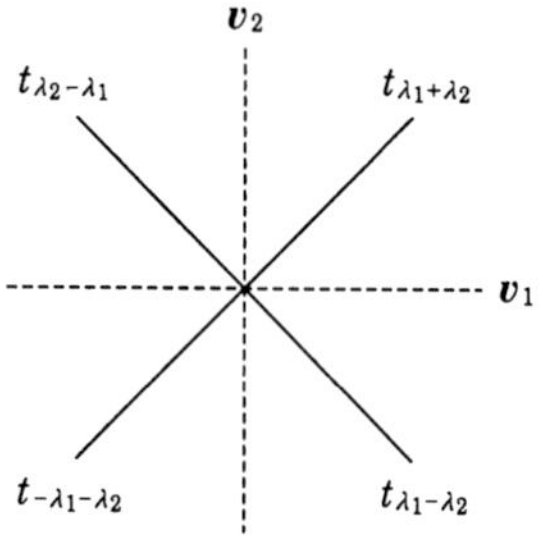

問 7.5 $\mathfrak{o}(6, \mathbf{C})$ のコルート系 Φ を，$\tilde{\mathfrak{h}}_{\mathbf{R}} = \mathbf{R}^3$ の中の 12 個の点として表せ．

$\mathfrak{sp}(m,\mathbf{C})$ のコルート系 Φ　　カルタン部分代数

$$\mathfrak{h}=\left\{\begin{bmatrix} b_1 & & & & & 0\\ & \ddots & & & & \\ & & b_m & & & \\ & & & -b_1 & & \\ & & & & \ddots & \\ 0 & & & & & -b_m \end{bmatrix};\ b_i\in\mathbf{C}\right\}$$

に対し，キリング形式は

$$B\left(\begin{bmatrix} b_1 & & & & & 0\\ & \ddots & & & & \\ & & b_m & & & \\ & & & -b_1 & & \\ & & & & \ddots & \\ 0 & & & & & -b_m \end{bmatrix},\begin{bmatrix} c_1 & & & & & 0\\ & \ddots & & & & \\ & & c_m & & & \\ & & & -c_1 & & \\ & & & & \ddots & \\ 0 & & & & & -c_m \end{bmatrix}\right)$$

$$=(4m+4)\sum_{i=1}^{m}b_ic_i$$

で与えられる．$2m^2$ 個の $\mathfrak{h}$ から $\mathbf{C}$ への線形写像

$$\lambda_i-\lambda_j,\quad \pm(\lambda_i+\lambda_j),\quad \pm 2\lambda_i\qquad (1\leq i,j\leq m,\ i\neq j)$$

がノンゼロルートである．

$$\mathfrak{h}_{\mathbf{R}}=\left\{\begin{bmatrix} b_1 & & & & & 0\\ & \ddots & & & & \\ & & b_m & & & \\ & & & -b_1 & & \\ & & & & \ddots & \\ 0 & & & & & -b_m \end{bmatrix};\ b_i\in\mathbf{R}\right\}$$

であり，正規直交基底は

$$\boldsymbol{v}_j=(4m+4)^{-\frac{1}{2}}\begin{bmatrix} 0 & & & & & 0\\ & 1 & & & & \\ & & 0 & & & \\ & & & 0 & & \\ & & & & -1 & \\ 0 & & & & & 0 \end{bmatrix}\qquad (j=1,\cdots,m)$$

である．よって，コルート系 Φ は，

$$t_{\lambda_i-\lambda_j} = (4m+4)^{-\frac{1}{2}}(\boldsymbol{v}_i - \boldsymbol{v}_j)\,,$$

$$t_{\pm(\lambda_i+\lambda_j)} = \pm(4m+4)^{-\frac{1}{2}}(\boldsymbol{v}_i + \boldsymbol{v}_j)\,,$$

$$t_{\pm 2\lambda_j} = \pm(m+1)^{-\frac{1}{2}}\boldsymbol{v}_j$$

と表される $(m^2-m)+(m^2-m)+2m=2m^2$ 個の元の集まりである．

例 7.2 $m=2$ の場合を図示すると次のようになる． ◇

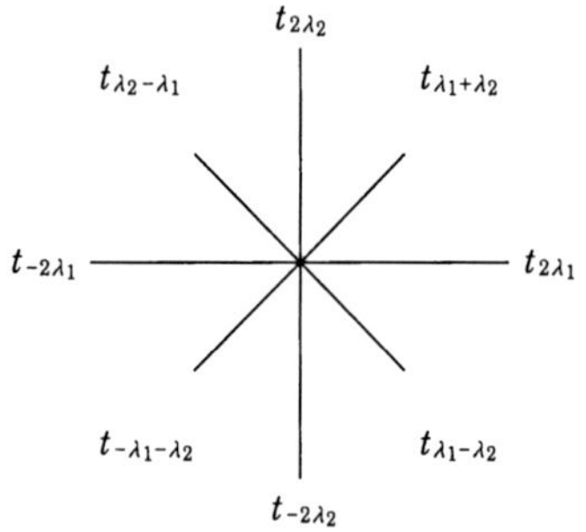

問 7.4 で $\mathfrak{o}(5,\mathbf{C})$ のコルート系を求めた読者は，上の $\mathfrak{sp}(2,\mathbf{C})$ の図がそれと同型であることに気づくであろう．§8 で説明するが，これは，$\mathfrak{o}(5,\mathbf{C})$ と $\mathfrak{sp}(2,\mathbf{C})$ がリー代数として同型であることを意味している．

問 7.6 $\mathfrak{sp}(3,\mathbf{C})$ のコルート系 Φ を，$\tilde{\mathfrak{h}}_{\mathbf{R}}=\mathbf{R}^3$ の中の 18 個の点として表せ．

第 2 次世界大戦中，南方で一時的に勝利を収めた日本軍は，イギリス兵を捕虜にし，いろいろひどいことをしたという話もある．それらの点は，戦後になって裁判にもなったが，食事についても次のことが問題とされた．収容所で捕虜は，食事で木の根などを食べさせられて虐待されたというのである．ところがこれは，単に日本人が普通に食べる牛蒡（ごぼう）を食事に出したにすぎなかったという．

食事については，人々の間では決まった習慣が固定されていて，文化の違い

が明確に現われ，なかなか変化することは少ないようである．フランス人は，かたつむり，食用蛙などを上手に料理して，おいしく食べるが，そのことで，イギリス人はフランス人をフロッグと軽蔑的に呼んだりする．牛蒡は，繊維質を多く含んでいて，健康に良く，体重を維持するためのダイエット食品として，今では大いにもてはやされている．

以上は食文化の人々の間の違いについて述べたのにすぎないのであるが，さて，この話はリー代数と何か関係があるだろうか？

§ 8. ルートの基本系

§7までで，半単純リー代数のルート（コルート）の定義を述べ，（妙なものだと感じたかもしれないが）非常に大事なものだと力説した．ルートの集合は，さらに簡明なルートの基本系というものから，一意的に定まってしまう．半単純リー代数の理論は，ルートの基本系の定める幾何学的図形の理論にすべて帰着されるといってもいい過ぎではない．この節では，やはり，具体的にその図形の求め方を学び，慣れ親しんでもらうことにする．

半単純リー代数 $\mathfrak{g}$ のノンゼロルートの集合であるルート系 Δ は，双対実カルタン部分代数 $\mathfrak{h}_{\mathbf{R}}^* = \{\alpha : \mathfrak{h}_{\mathbf{R}} \to \mathbf{R}, \text{線形}\}$ （$\subset \mathfrak{h}^*$）の有限個の元からなる集合であった．

$$\dim \mathfrak{h} = \dim_{\mathbf{R}} \mathfrak{h}_{\mathbf{R}} = \dim_{\mathbf{R}} \mathfrak{h}_{\mathbf{R}}^*$$

だったから，その等しい次元を l としよう．

ルート系 Δ の部分集合 $\Pi = \{\alpha_1, \cdots, \alpha_l\}$ が次の条件をみたすとき，Π を Δ の**基本系**という．

（1） $\alpha_1, \cdots, \alpha_l$ は，ベクトル空間 $\mathfrak{h}_{\mathbf{R}}^*$ の基底となる．

（2） Δ の勝手な元 α を，$\alpha = \sum_{i=1}^{l} k_i \alpha_i$ と表すとき，$k_i \in \mathbf{Z}$ で，すべての $k_i \geq 0$，またはすべての $k_i \leq 0$ のどちらかが成り立つ．

定理 8.1 半単純リー代数 $\mathfrak{g}$ のルート系 Δ には，必ず基本系が存在する．基本系のとり方はただひと通りではないが，とり方を変えても $\mathfrak{h}_{\mathbf{R}}^*$ の内積を変えない線形同型写像で移りあう．

この基本系どうしは，内積を変えない線形同型写像で移りあうという部分の証明は，ワイル群の議論が必要となるのでここでは省略する．ただし，基本系の元たちの角度から定まるカルタン行列は，半単純リー代数 $\mathfrak{g}$ のみで定まることを，この節の後半で述べる．Δ の基本系の構成の仕方のあらましを，これから説明しよう．

まず，$\mathfrak{h}_{\mathbf{R}}^*$ の元に順序を入れよう．そのため，なんでもよいから，$\mathfrak{h}_{\mathbf{R}}^*$ の基底 $\{\boldsymbol{v}_1, \cdots, \boldsymbol{v}_l\}$ をとり，以後固定する．

$\mathfrak{h}_{\mathbf{R}}^*$ の１つの元 α は，$\alpha = \sum_{i=1}^{l} a_i \boldsymbol{v}_i$ と書くことができるから，l 個の実数 $(a_1, \cdots, a_l)$ が対応する．他の元 β には，$(b_1, \cdots, b_l)$ が対応するが，

$$\alpha > \beta$$
$$\Longleftrightarrow \quad a_1 = b_1, \quad \cdots, \quad a_{s-1} = b_{s-1}, \quad a_s > b_s \qquad (1 \leq \exists s \leq l)$$

で大小関係を定める．このようにして定めた順序を，（基底をきめたときの）辞書式順序ということもある．0 は $\mathfrak{h}_{\mathbf{R}}^*$ の元であるが，$\alpha > 0$ とは，

$$a_1 = \cdots = a_{s-1} = 0, \quad a_s > 0 \qquad (1 \leq \exists s \leq l)$$

ということになる．

$\alpha > 0$ となる $\alpha \in \mathfrak{h}_{\mathbf{R}}^*$ の全体を $(\mathfrak{h}_{\mathbf{R}}^*)^+$ と書き，$\alpha < 0$ となる $\alpha \in \mathfrak{h}_{\mathbf{R}}^*$ の全体を $(\mathfrak{h}_{\mathbf{R}}^*)^-$ と書くと，

$$\mathfrak{h}_{\mathbf{R}}^* = (\mathfrak{h}_{\mathbf{R}}^*)^+ \cup \{0\} \cup (\mathfrak{h}_{\mathbf{R}}^*)^-.$$

また，$\triangle \cap (\mathfrak{h}_{\mathbf{R}}^*)^+ = \triangle^+$，$\triangle \cap (\mathfrak{h}_{\mathbf{R}}^*)^- = \triangle^-$ とおく．そのとき，

$$\triangle = \triangle^+ \cup \triangle^- \subset \mathfrak{h}_{\mathbf{R}}^*.$$

さて，基本系 $\alpha_1, \cdots, \alpha_l$ を，次のように定めることができる．

α_1 を $\triangle^+$ の中で，上記の大小関係で最小のもの，すなわち，$\alpha_1 = \min(\triangle^+)$ とする．また，集合 $\triangle^+$ から，α_1 の実数倍となる集合 $\langle \alpha_1 \rangle$ を除いたものを，$\triangle^+ - \langle \alpha_1 \rangle$ と書き，

$$\alpha_2 = \min(\triangle^+ - \langle \alpha_1 \rangle)$$

とおく．次に α_1, α_2 の線形結合で表される２次元実部分空間を $\langle \alpha_1, \alpha_2 \rangle$ と書き，$\triangle^+$ から その空間 $\langle \alpha_1, \alpha_2 \rangle$ を除いたものを $\triangle^+ - \langle \alpha_1, \alpha_2 \rangle$ と書いて

$$\alpha_3 = \min(\triangle^+ - \langle \alpha_1, \alpha_2 \rangle)$$

とする．これを続けると ちょうど l 個の元の集合 $\Pi = \{\alpha_1, \cdots, \alpha_l\}$ が得られる．これが，$\triangle$ の基本系になっていることを示そう．

次が成立することはすぐわかる．

定理 8.2 ($\mathfrak{h}_{\mathbf{R}}^*$ に順序を入れて)このように作った集合 Π の任意の元 α_i に対して，次が成り立つ：

(1) $\alpha_i \in \Delta^+$.

(2) $\alpha_i = \beta + \gamma$ ($\beta, \gamma \in \Delta^+$) と表すことができない.

上の (1), (2) をみたすルート α_i を($\mathfrak{h}_{\mathbf{R}}^*$ に順序を入れたときの，その順序に関する)**単純ルート**という．半単純リー代数 $\mathfrak{g}$ の双対実カルタン部分代数 $\mathfrak{h}_{\mathbf{R}}^*$ に順序をいれると，次が成立する.

命題 8.1 α, β ($\alpha \neq \beta$)が，ともに単純ルートとすると，

$$\beta - \alpha \notin \Delta, \qquad B^*(\beta, \alpha) \leq 0.$$

[**証明**] $\gamma = \beta - \alpha$ とおくと，$\gamma \neq 0$. $\gamma \in \Delta^+$ ならば，$\beta = \alpha + \gamma$ であるが，β が単純ルートであることに矛盾．$\gamma \in \Delta^-$ ならば，$\alpha = \beta + (-\gamma)$ であるが，α が単純ルートであることに矛盾．したがって，$\beta - \alpha \notin \Delta$. β の α 系列は，$\beta + k\alpha$ ($0 \leq k \leq p$) となり，カルタン整数を計算すると，

$$c_{\beta\alpha} = \frac{2B^*(\beta, \alpha)}{B^*(\alpha, \alpha)} = 0 - p \leq 0.$$

よって，$B^*(\beta, \alpha) \leq 0$. ◇

さらに，次が成り立つ.

定理 8.3 単純ルートの個数は，$\mathfrak{g}$ の階数($= l = \dim \mathfrak{h}$)に等しく，単純ルート全体は，Δ の基本系となる.

[**証明**] 単純ルート全体を $\{\alpha_1, \cdots, \alpha_k\}$ とする．まず任意のルート $\alpha \in \Delta$ は

$$\alpha = \sum_{i=1}^{k} p_i \alpha_i \ (p_i \in \mathbf{Z}), \quad p_i \geq 0 \ (1 \leq i \leq k) \quad \text{または} \quad p_i \leq 0 \ (1 \leq i \leq k)$$

と書けることを示そう．$\alpha > 0$ の場合を示せばよい．α が単純でなければ，$\alpha = \beta + \gamma$ ($\beta, \gamma \in \Delta^+$) と書ける．$\beta, \gamma$ が単純でなければ，さらに，β, γ は Δ^+ の元の和と書ける．$\alpha > \beta$, $\alpha > \gamma$ であり，ルートの個数は有限だから，これをくり返して，α を，すべての係数が自然数または 0 の単純ルートの線形結合として表すこ

とができる．よって，$k \geq l$．α_i（$1 \leq i \leq k$）が線形独立であることをいえば，$k = l$ となり，単純ルート全体が Δ の基本系であることの証明が終わる．

$\sum_{i=1}^{k} q_i \alpha_i = 0$（$q_i \in \mathbf{R}$）と仮定しよう．順序をつけかえ，

$$q_i \geq 0 \quad (1 \leq i \leq m), \qquad q_i < 0 \quad (m+1 \leq i \leq k)$$

としてよい．このとき，

$$\omega = \sum_{i=1}^{m} q_i \alpha_i \quad \left(= \sum_{j=m+1}^{k} (-q_j)\, \alpha_j \right)$$

とおくと，$\omega \in (\mathfrak{h}_{\mathbf{R}}^*)^+ \cup \{0\}$ となる．命題 8.1 より，$B^*(\alpha_i, \alpha_j) \leq 0$ だから，

$$0 \leq B^*(\omega, \omega) = \sum_{i=1}^{m} \sum_{j=m+1}^{k} (-q_i q_j)\, B^*(\alpha_i, \alpha_j) \leq 0\,.$$

したがって，$B^*(\omega, \omega) = 0$ となり，$\omega = 0$.

もし $m < k$ とすると，$\omega = \sum_{j=m+1}^{k} (-q_j)\, \alpha_j > 0$ に矛盾するから，$m = k$．このとき，$0 = \omega = \sum_{i=1}^{k} q_i \alpha_i \geq 0$ より，$q_i = 0$（$1 \leq i \leq k$）となり，α_i の線形独立性が示された． ◇

先ほど順に構成した l 個の単純ルートからなる Π は（定理 8.3 より，単純ルートの最大個数は l だから），すべての単純ルートの集合に等しい．よって，定理 8.3 より，Π は Δ の基本系となることがわかる．

逆に，Δ の任意の基本系は，単純ルートの集まりとなる．

定理 8.4 半単純リー代数のルート系 Δ の任意の基本系 Π が与えられると，それにより，$\mathfrak{h}_{\mathbf{R}}^*$ に順序が入り，単純ルート全体が Π と等しくなる．

［**証明**］ Π は $\mathfrak{h}_{\mathbf{R}}^*$ の基底だから，$\mathfrak{h}_{\mathbf{R}}^*$ の元たちに大小関係が定まる．Π は基本系だから，ノンゼロルートは，すべての係数が正または 0 の整数，あるいは すべての係数が負または 0 の整数となる Π の元の線形結合として表される．すべての係数が正または 0 の整数のノンゼロルートが，Δ^+ の元である．Π の元は，係数の 1 つが 1 で，残りが 0 として，Δ^+ の元であるから，Δ^+ の元の和には書けない．よって，Π の元は単純ルートである．Π の元の個数はちょうど階数に等しいから，Π は単純ルート全体と一致する． ◇

系 8.1 命題 8.1 の性質は，Δ の基本系の元 α, β に対しても成り立つ．

双対実カルタン部分代数から実カルタン部分代数への同型

$$t : \mathfrak{h}_{\mathbf{R}}^* \to \mathfrak{h}_{\mathbf{R}}$$

は，内積 B^* を B に移す（ように定めた）から，ルート系 Δ の $\mathfrak{h}_{\mathbf{R}}^* \cong \mathbf{R}^l$ の中の図と，コルート系 Φ の $\mathfrak{h}_{\mathbf{R}} \cong \mathbf{R}^l$ の中の図はまったく等しい．ルート系 Δ の基本系 $\Pi = \{\alpha_1, \cdots, \alpha_l\} \subset \mathfrak{h}_{\mathbf{R}}^*$ に対し，同型 $t : \mathfrak{h}_{\mathbf{R}}^* \to \mathfrak{h}_{\mathbf{R}}$ による像

$$t(\Pi) = \{t(\alpha_1), \cdots, t(\alpha_l)\} \subset \mathfrak{h}_{\mathbf{R}}$$

を，**コルート系** $\Phi = t(\Delta)$ **の基本系**という．ルート系，コルート系の基本系をきめて，$\mathfrak{h}_{\mathbf{R}}^* \cong \mathbf{R}^l$, $\mathfrak{h}_{\mathbf{R}} \cong \mathbf{R}^l$ の中に基本系を書き込むことができる．

例 8.1 $\mathfrak{sl}(3, \mathbf{C})$ に対するルート系の図は，問 7.2 のコルート系の図と同じになり，基本系が求められる．

$$\alpha_{31} < \alpha_{32} < \alpha_{21} < 0 < \alpha_{12} < \alpha_{23} < \alpha_{13},$$

$\{\alpha_1 = \alpha_{12}, \alpha_2 = \alpha_{23}\}$ が基本系． ◇

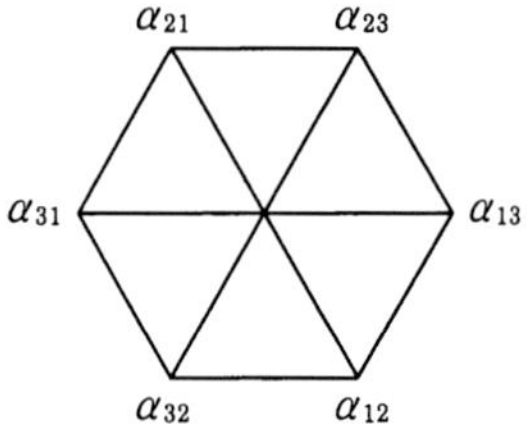

例 8.2 $\mathfrak{sp}(2, \mathbf{C})$ に対する例 7.2 のコルート系の図も同じになり，基本系が求められる．

$$-2\lambda_1 < -\lambda_1 - \lambda_2 < \lambda_2 - \lambda_1 < -2\lambda_2$$
$$< 2\lambda_2 < \lambda_1 - \lambda_2 < \lambda_1 + \lambda_2 < 2\lambda_1,$$

$\{\alpha_1 = 2\lambda_2, \alpha_2 = \lambda_1 - \lambda_2\}$ が基本系． ◇

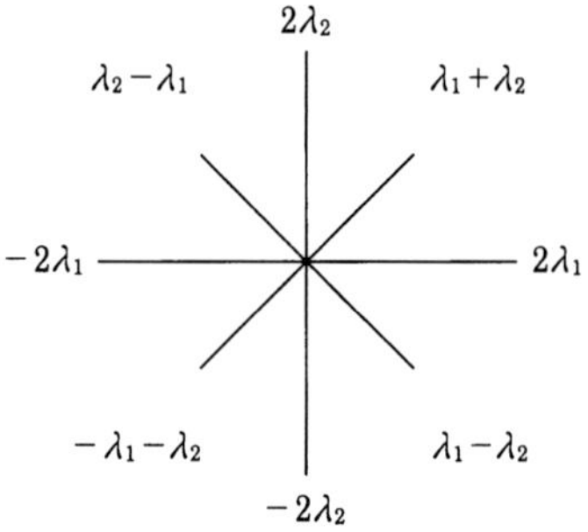

古典型半単純リー代数のルートの基本系　古典型半単純リー代数のルートの基本系（＝双対実カルタン部分代数にある順序を入れたときの単純ルート全体）は，次のように与えられることを確かめることができるであろう．（この順序は，例 8.2 の順序とは異なっているが，一般に普及している順序に従う．）

$\mathfrak{sl}(m+1, \mathbf{C})$ のルートの基本系：

$$\alpha_1 = \lambda_1 - \lambda_2, \quad \alpha_2 = \lambda_2 - \lambda_3, \quad \cdots, \quad \alpha_m = \lambda_m - \lambda_{m+1}$$

$\mathfrak{o}(2m+1, \mathbf{C})$ のルートの基本系：

$$\alpha_1 = \lambda_1 - \lambda_2, \quad \alpha_2 = \lambda_2 - \lambda_3, \quad \cdots, \quad \alpha_{m-1} = \lambda_{m-1} - \lambda_m, \quad \alpha_m = \lambda_m$$

$\mathfrak{sp}(m, \mathbf{C})$ のルートの基本系：

$$\alpha_1 = \lambda_1 - \lambda_2, \quad \alpha_2 = \lambda_2 - \lambda_3, \quad \cdots, \quad \alpha_{m-1} = \lambda_{m-1} - \lambda_m, \quad \alpha_m = 2\lambda_m$$

$\mathfrak{o}(2m, \mathbf{C})$ のルートの基本系：

$$\alpha_1 = \lambda_1 - \lambda_2, \quad \alpha_2 = \lambda_2 - \lambda_3, \quad \cdots, \quad \alpha_{m-1} = \lambda_{m-1} - \lambda_m, \quad \alpha_m = \lambda_{m-1} + \lambda_m$$

カルタン行列　ここで重要な半単純リー代数 $\mathfrak{g}$ のカルタン行列を定義しよう．ルート系 Δ の基本系 $\Pi = \{\alpha_1, \cdots, \alpha_l\}$ に対して，l 次正方行列 $C = [c_{ij}]$ をカルタン整数

$$c_{ij} := c_{\alpha_i \alpha_j} = \frac{2B^*(\alpha_i, \alpha_j)}{B^*(\alpha_j, \alpha_j)}$$

により定義し，$\mathfrak{g}$ の**カルタン行列**という．c_{ij} は整数（$c_{ii} = 2$）であったが，特に基本系の性質（命題 8.1）より，$i \neq j$ ならば，$c_{ij} \leq 0$ となる．

命題 8.2　半単純リー代数 $\mathfrak{g}$ のカルタン行列 $C = [c_{ij}]$ は正則行列である．すなわち，$\det C \neq 0$ で，逆行列 C^{-1} が存在する．

［**証明**］　l 次正方行列 $B = [b_{ij}]$ を $b_{ij} = B^*(\alpha_i, \alpha_j)$ で定めると，命題 7.1 より，キリング形式 B は $\mathfrak{h}_{\mathbf{R}}$ で非退化，したがって，B^* は $\mathfrak{h}_{\mathbf{R}}^*$ で非退化であるから，$\det B \neq 0$．行列式の列に関する線形性より，

$$\det C = 2^l \left(\prod_{i=1}^{l} B^*(\alpha_i, \alpha_i)^{-1} \right) \det B \neq 0. \qquad \diamondsuit$$

キリング形式 B^* による内積の入った空間 $\mathfrak{h}_{\mathbf{R}}^*$ において，$\alpha, \beta \in \mathfrak{h}_{\mathbf{R}}^*$ の角を，$\theta\ (0 \leq \theta \leq \pi)$ とすると，

$$B^*(\alpha, \beta) = \|\alpha\| \|\beta\| \cos\theta,$$

ただし，$\|\alpha\| = B^*(\alpha, \alpha)^{\frac{1}{2}}$, $\|\beta\| = B^*(\beta, \beta)^{\frac{1}{2}}$ となる．

Δ の基本系 Π の 2 つの元 α_i と α_j ($i \neq j$) の角を $\theta\ (0 < \theta < \pi)$ とすると，系 8.1 より，$B^*(\alpha_i, \alpha_j) \leq 0$ だから，$\dfrac{\pi}{2} \leq \theta < \pi$ である．

$$c_{ij} \cdot c_{ji} = 4\cos^2\theta < 4, \qquad c_{ij}, c_{ji} \in \mathbf{Z}, \qquad c_{ij}, c_{ji} \leq 0,$$

という条件から，$c_{ij} \cdot c_{ji} = 0, 1, 2, 3$ に限られ，$c_{ij} = 0, -1, -2, -3$ の 4 通りに限られる．

2 つのカルタン行列が同型であるとは，行列の大きさが同じで（l 次正方行列とする），i から i' へ写す $\{1, \cdots, l\}$ の置換があって，

$$c_{ij} = c_{i'j'}$$

がすべての $1 \leq i, j \leq l$ に成立していることとする．

証明は省略するが，次の定理が成り立つことが知られている．

定理 8.5 2 つの半単純リー代数 $\mathfrak{g}, \mathfrak{g}'$ が（リー代数として）同型である必要十分条件は，それぞれのカルタン行列が同型となることである．

これにより，半単純リー代数の同型類は，完全にカルタン行列により定まることがわかる．また，半単純リー代数が単純かどうかも，カルタン行列が 2 つの行列の直和になるか否かで決定されることを示すことができる．

例 8.3 古典型半単純リー代数のカルタン行列は次のように与えられる．

$\mathfrak{sl}(m+1, \mathbf{C})$：

$$\begin{bmatrix} 2 & -1 & 0 & 0 & \cdots & 0 & 0 \\ -1 & 2 & -1 & 0 & \cdots & 0 & 0 \\ 0 & -1 & 2 & -1 & \cdots & 0 & 0 \\ 0 & 0 & -1 & 2 & \cdots & 0 & 0 \\ \vdots & \vdots & & & \ddots & & \vdots \\ 0 & 0 & 0 & 0 & \cdots & 2 & -1 \\ 0 & 0 & 0 & 0 & \cdots & -1 & 2 \end{bmatrix}$$

$\mathfrak{o}(2m+1, \mathbf{C})$：
$$\begin{bmatrix} 2 & -1 & 0 & 0 & \cdots & 0 & 0 \\ -1 & 2 & -1 & 0 & \cdots & 0 & 0 \\ 0 & -1 & 2 & -1 & \cdots & 0 & 0 \\ 0 & 0 & -1 & 2 & \cdots & 0 & 0 \\ \vdots & \vdots & & & \ddots & & \vdots \\ 0 & 0 & 0 & 0 & \cdots & 2 & -2 \\ 0 & 0 & 0 & 0 & \cdots & -1 & 2 \end{bmatrix}$$

$\mathfrak{sp}(m, \mathbf{C})$：
$$\begin{bmatrix} 2 & -1 & 0 & 0 & \cdots & 0 & 0 \\ -1 & 2 & -1 & 0 & \cdots & 0 & 0 \\ 0 & -1 & 2 & -1 & \cdots & 0 & 0 \\ 0 & 0 & -1 & 2 & \cdots & 0 & 0 \\ \vdots & \vdots & & & \ddots & & \vdots \\ 0 & 0 & 0 & 0 & \cdots & 2 & -1 \\ 0 & 0 & 0 & 0 & \cdots & -2 & 2 \end{bmatrix}$$

$\mathfrak{o}(2m, \mathbf{C})$：
$$\begin{bmatrix} 2 & -1 & \cdots & 0 & 0 & 0 & 0 \\ -1 & 2 & \cdots & 0 & 0 & 0 & 0 \\ \vdots & & \ddots & & & \vdots & \vdots \\ 0 & 0 & \cdots & 2 & -1 & 0 & 0 \\ 0 & 0 & \cdots & -1 & 2 & -1 & -1 \\ 0 & 0 & \cdots & 0 & -1 & 2 & 0 \\ 0 & 0 & \cdots & 0 & -1 & 0 & 2 \end{bmatrix} \quad \diamond$$

ディンキン図形　半単純リー代数に対して，カルタン行列を対応させたが，リー代数のルートの基本系の情報をより簡明に表現するものとして，ディンキン図形というものがある．その作り方は次のようである．

基本系 $\{\alpha_1, \cdots, \alpha_l\}$ に対し，平面上に α_i に対応して○を書く．その α_i と α_j（$i \neq j$）に対応する○を $c_{ij} \cdot c_{ji} = k$（$k = 0, 1, 2, 3$）に対応して，それぞれ k 重の直線で結ぶ．$c_{ij} \cdot c_{ji} \neq 0$ で $\|\alpha_i\| < \|\alpha_j\|$ ならば，α_j から α_i への方向へ矢印をつける．定義から，
$$c_{ji} \|\alpha_i\|^2 = c_{ij} \|\alpha_j\|^2 \ (= 2B^*(\alpha_i, \alpha_j))$$
だから，$\|\alpha_i\| < \|\alpha_j\|$ は $|c_{ij}| < |c_{ji}|$ すなわち（$i \neq j$ なら $c_{ij} \leq 0$ だから）$c_{ij} > c_{ji}$ と同値である．よってこのとき，$c_{ij} \cdot c_{ji} = 2$ または 3 で，$c_{ij} = -1$

である．$c_{ij}\cdot c_{ji}=1$ のとき，$c_{ij}=c_{ji}=-1$ より，$\|\alpha_i\|=\|\alpha_j\|$ だから矢印はつけない．カルタン行列からディンキン図形が作られたが，逆に，(ディンキン図形は，カルタン整数の情報をすべて含んでいるから)ディンキン図形からカルタン行列を知ることができる．

例 8.4　古典型半単純リー代数のディンキン図形は次のとおりである．

$\mathfrak{sl}(m+1, \mathbf{C})$：

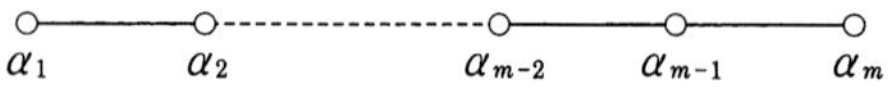

$\mathfrak{o}(2m+1, \mathbf{C})$：

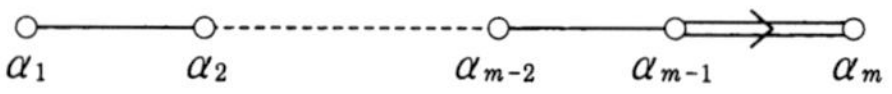

$\mathfrak{sp}(m, \mathbf{C})$：

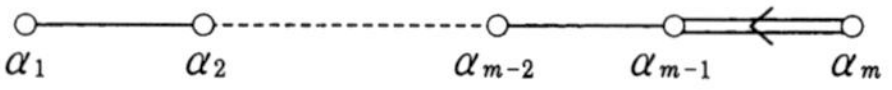

$\mathfrak{o}(2m, \mathbf{C})$：

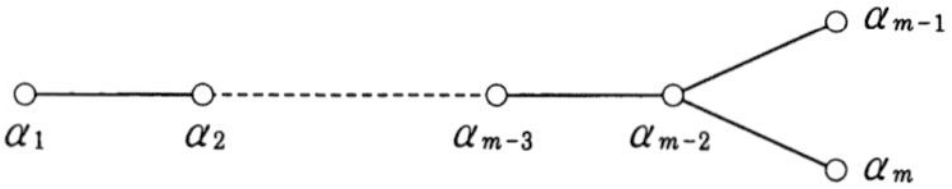

◇

例 8.5　ちなみに例外型半単純リー代数のディンキン図形は次のとおりである．

E_6：

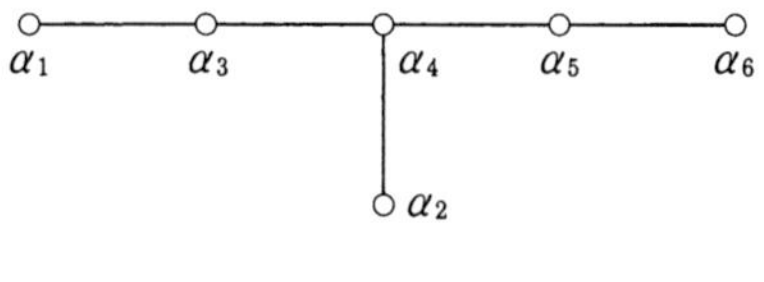

E_7：

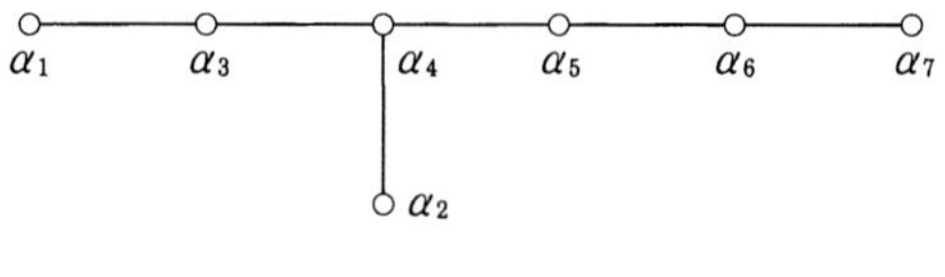

E_8：

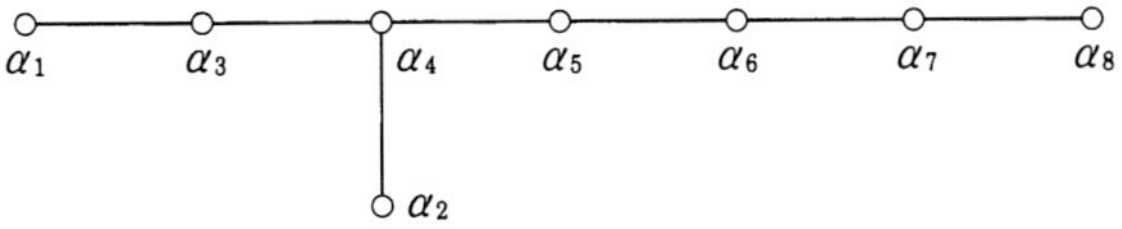

F_4：

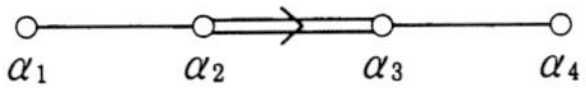

G_2：

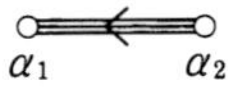

◇

問 8.1 上のディンキン図形より，E_6, F_4, G_2 のカルタン行列を書け．

§ 9. 表　　現

我々は，リー代数 $\mathfrak{g}$ を $\mathfrak{gl}(N, \mathbf{C})$ の部分空間として定義した．このとき，$\mathfrak{g}$ の交換子積は，$\mathfrak{gl}(N, \mathbf{C})$ の交換子積で定義したから，もちろん，$\mathfrak{g}$ の元 X を $\mathfrak{gl}(N, \mathbf{C})$ の元とみなす包含写像

$$\iota : \mathfrak{g} \to \mathfrak{gl}(N, \mathbf{C})$$

はリー代数の準同型を与える．また，$\dim \mathfrak{g} = n$ のリー代数 $\mathfrak{g}$ の基底を固定して，$\mathfrak{gl}(\mathfrak{g}) = \mathfrak{gl}(n, \mathbf{C})$ とみなすとき，随伴写像 $\mathrm{ad} : \mathfrak{g} \to \mathfrak{gl}(n, \mathbf{C})$ もリー代数の準同型を与えた．このように，ある $\mathfrak{gl}(p, \mathbf{C})$ への $\mathfrak{g}$ からの準同型

$$f : \mathfrak{g} \to \mathfrak{gl}(p, \mathbf{C})$$

をリー代数 $\mathfrak{g}$ の**表現**という．念のために，f が $\mathfrak{g}$ から $\mathfrak{gl}(p, \mathbf{C})$ への準同型という条件を，もう一度書いておこう：

（1） $f(X+Y) = f(X) + f(Y), \qquad \forall X, Y \in \mathfrak{g},$

（2） $f(cX) = cf(X), \qquad \forall c \in \mathbf{C},\ \forall X \in \mathfrak{g},$

（3） $f([X, Y]) = [f(X), f(Y)], \qquad \forall X, Y \in \mathfrak{g}.$

$\mathfrak{gl}(p, \mathbf{C})$ のはたらく線形空間 $\mathbf{C}^p$ を**表現空間**といい，p を表現の**次数**という．リー代数 $\mathfrak{g}$ が，表現空間 $\mathbf{C}^p$ にはたらく p 次の正方行列として，表現されているわけである．

$\mathfrak{g}$ のすべての元を $\mathfrak{gl}(p, \mathbf{C})$ の 0 元（零行列）に写す写像も表現となるが，これを $\mathfrak{g}$ の（$\mathbf{C}^p$ 上での）**0 表現**または，**自明な表現**という．

我々がリー代数を個々に体験するのは，自然現象の各線形空間の線形変換としてであり，表現を学ぶのは，その意味で不可欠のことである．

行き先が同じ $\mathfrak{gl}(p, \mathbf{C})$ への他の表現 $f' : \mathfrak{g} \to \mathfrak{gl}(p, \mathbf{C})$ に対して，1つの p 次正則行列 T が存在して，$f(X) = T^{-1}f'(X)\,T$ が，すべての $X \in \mathfrak{g}$ に対して成り立つとき，f と f' は**同値**であるという．すなわち，行き先の線形空間 $\mathbf{C}^p$ の基底を，T でとりかえることにより，同じ準同型写像になると

きに，f と f' は同値である．

表現 $f: \mathfrak{g} \to \mathfrak{gl}(p, \mathbf{C})$ に対し，$\mathbf{C}^p$ の線形部分空間 V があって，

$$f(X)V \subset V$$

がすべての $X \in \mathfrak{g}$ について成り立っているとき，V を（f で）**不変な部分空間**という．$\mathbf{C}^p$ と $\{0\}$ は，常に不変部分空間であるが，これら以外に不変な部分空間がないとき，f は**既約な表現**であるという．

表現 $f_1: \mathfrak{g} \to \mathfrak{gl}(p, \mathbf{C})$ と $f_2: \mathfrak{g} \to \mathfrak{gl}(q, \mathbf{C})$ が与えられたとき，$X \in \mathfrak{g}$ に対し，

$$\begin{bmatrix} f_1(X) & 0 \\ 0 & f_2(X) \end{bmatrix}$$

という $\mathfrak{gl}(p+q, \mathbf{C})$ の行列を対応させる表現を，$f_1 \oplus f_2$ と書き，表現 f_1 と f_2 の**直和**という．

半単純リー代数の表現は，既約でなければ，必ず既約な表現の直和と同値になるという（これを**半単純リー代数の表現の完全可約性**という）ワイルという大数学者の名前がついた定理が知られているので，我々は，半単純リー代数の表現を調べるには，既約な表現だけを考えればよい．半単純とは限らない一般のリー代数に対しては，表現の完全可約性は成立しない．

問 9.1　上三角リー代数 $\mathcal{T}_3 = \left\{ \begin{bmatrix} a & b \\ 0 & c \end{bmatrix} ; a, b, c \in \mathbf{C} \right\}$ の $\mathfrak{gl}(2, \mathbf{C})$ への包含写像 ι による表現は，既約ではなく，既約な表現の直和とも同値でないことを示せ．

この節では，半単純リー代数の（既約とは限らない）表現のウェイトの定義とその性質を述べ，それを用いて，半単純リー代数の既約表現を調べる．主な結果は（定義はあとで述べるが），

「１つの半単純リー代数の既約表現全体は（最高ウェイトをとることにより）支配的な整ウェイトと１対１に対応する」

というものであるが，この定理の証明は与えずに，その意味する内容をよく把握することを目的とする．

半単純リー代数$\mathfrak{g}$のカルタン部分代数$\mathfrak{h}$とは，極大可換な部分代数で，すべての $H\in\mathfrak{h}$ に対して，$\mathrm{ad}(H)\in\mathfrak{gl}(\mathfrak{g})$ が対角化可能なものであった．随伴写像

$$\mathrm{ad}:\ \mathfrak{g}\to\mathfrak{gl}(\mathfrak{g})$$

も1つの表現であるが，一般の表現 $f:\mathfrak{g}\to\mathfrak{gl}(p,\mathbf{C})$ でも，$\mathfrak{h}$の元 H に対し $f(H)\in\mathfrak{gl}(p,\mathbf{C})$ は対角化可能であろうか．それについては，次の定理が成立する．

定理 9.1 $\mathfrak{g}$を半単純リー代数，$\mathfrak{h}$をその1つのカルタン部分代数とし，$f:\mathfrak{g}\to\mathfrak{gl}(p,\mathbf{C})$ を勝手な表現とする．そのとき，すべての $H\in\mathfrak{h}$ に対して，$f(H)\in\mathfrak{gl}(p,\mathbf{C})$ は対角化可能である．

もともとカルタン部分代数$\mathfrak{h}$は可換であったから，§5で説明したように，$\mathfrak{h}$のすべての元に対し，f は同時対角化可能となる．

［**証明**］ $\mathfrak{h}$の元は，コルートの基本系 $t_{\alpha_1},t_{\alpha_2},\cdots,t_{\alpha_l}$ の線形結合で表される．ところが，すべての i に対し，$t_{\alpha_i},\mathfrak{g}_{\alpha_i},\mathfrak{g}_{-\alpha_i}$ で張られる3次元部分代数は $\mathfrak{sl}(2,\mathbf{C})$ と同型であった．次の§10で説明するように，すべての $\mathfrak{sl}(2,\mathbf{C})$ の表現 $g:\mathfrak{sl}(2,\mathbf{C})\to\mathfrak{gl}(q,\mathbf{C})$ に対し，

$$g\left(\begin{bmatrix}1 & 0\\ 0 & -1\end{bmatrix}\right)$$

は対角化可能であることにより，対応する $f(t_{\alpha_i})$ も対角化可能となる．また，iを動かした t_{α_i} たちは，$\mathfrak{h}$の元であるから，可換である．したがって，すべての$\mathfrak{h}$の元 H に対し，$f(H)$ は互いに可換で，対角化可能だから，同時対角化可能となる．

◇

ウェイトの定義 半単純リー代数$\mathfrak{g}$の表現 $f:\mathfrak{g}\to\mathfrak{gl}(p,\mathbf{C})$ の**ウェイト**とは，$\mathfrak{g}$のカルタン部分代数$\mathfrak{h}$を固定したとき，$\mathfrak{h}$から$\mathbf{C}$への線形写像 α（$:\mathfrak{h}\to\mathbf{C}$，線形）であって，すべての$\mathfrak{h}$の元 H に対して，$\alpha(H)$ が，$f(H)\in\mathfrak{gl}(p,\mathbf{C})$ の同時固有値となっているものである．

ここで，すべての $\mathfrak{h}$ の元 H に対して，$\alpha(H)$ が，$f(H) \in \mathfrak{gl}(p, \mathbf{C})$ の同時固有値となっているとは，$X(\neq 0) \in \mathbf{C}^p$ が $H \in \mathfrak{h}$ によらずに存在して，

$$f(H)X = \alpha(H)X$$

が，すべての $H \in \mathfrak{h}$ に対して成立していることである．（このとき，X を同時固有ベクトルという．）

ここで読者は，ルートの定義を思い出したであろう．そう，ルートとは，随伴表現のウェイトに他ならないのである．ルートの形が半単純リー代数を定めることを §8 で述べたが，ウェイトの形が表現を定めることをこれから調べよう．

表現 $f: \mathfrak{g} \to \mathfrak{gl}(p, \mathbf{C})$ のウェイト α に対し，α を固有値とする固有ベクトル全体に 0 を加えた線形空間を $\mathbf{C}^p_\alpha$ と書き，ウェイト α の固有空間という：

$$\mathbf{C}^p_\alpha = \{X \in \mathbf{C}^p ; f(H)X = \alpha(H)X, \ \forall H \in \mathfrak{h}\}.$$

ルートと違って，ウェイトの固有空間は 1 次元とは限らない．

表現 $f: \mathfrak{g} \to \mathfrak{gl}(p, \mathbf{C})$ のウェイト全体のなす $\mathfrak{h}^*$ の部分集合を，$\Delta(f)$ と書く．表現 f のウェイトの集合 $\Delta(f)$ は必ずしも $0 \in \mathfrak{h}^*$ を含むとは限らないが，対角化可能性から，ウェイトの固有空間全体は，表現空間 $\mathbf{C}^p$ と一致する：

$$\mathbf{C}^p = \sum_{\alpha \in \Delta(f)} \mathbf{C}^p_\alpha.$$

したがって，集合 $\Delta(f)$ は有限個の元からなる集合である．

例 9.1　m 次特殊線形リー代数 $\mathfrak{sl}(m, \mathbf{C})$ はトレースが 0 の m 次正方行列全体の集合であるから，包含写像 $\iota: \mathfrak{sl}(m, \mathbf{C}) \to \mathfrak{gl}(m, \mathbf{C})$ は，$\mathfrak{sl}(m, \mathbf{C})$ の表現である．包含写像の定める表現を恒等表現という．カルタン部分代数を

$$\mathfrak{h} = \left\{ \begin{bmatrix} h_1 & & 0 \\ & \ddots & \\ 0 & & h_m \end{bmatrix} ; h_i \in \mathbf{C}, \ \textstyle\sum_i h_i = 0 \right\}$$

としたとき，$\mathfrak{h}$ の元 $\begin{bmatrix} h_1 & & 0 \\ & \ddots & \\ 0 & & h_m \end{bmatrix}$ に対し，$h_i \in \mathbf{C}$ $(i = 1, 2, \cdots, m)$ を対応さ

せる m 個の写像 $\lambda_i : \mathfrak{h} \to \mathbf{C}$ は，線形写像で $\mathfrak{h}^*$ の元である．$\triangle(\iota) = \{\lambda_i ; i = 1, 2, \cdots, m\}$ であり，

$$\mathbf{C}^m = \sum_{1 \leq i \leq m} \mathbf{C}^m_{\lambda_i}, \qquad \mathbf{C}^m_{\lambda_i} = \left\{ \begin{bmatrix} 0 \\ \vdots \\ x \\ \vdots \\ 0 \end{bmatrix} \leftarrow i \text{行目} ; x \in \mathbf{C} \right\}$$

となる．　◇

問 9.2　上の $\mathbf{C}^m_{\lambda_i}$ の式を示せ．

問 9.3　問 2.1 で，同型 $f : \mathfrak{sl}(2, \mathbf{C}) \to \mathfrak{o}(3, \mathbf{C})$ を与えた．$\mathfrak{o}(3, \mathbf{C}) \subset \mathfrak{gl}(3, \mathbf{C})$ であるから，$f : \mathfrak{sl}(2, \mathbf{C}) \to \mathfrak{gl}(3, \mathbf{C})$ は $\mathfrak{sl}(2, \mathbf{C})$ の 3 次表現と思える．このとき，ウェイトの集合 $\triangle(f)$ は $\{2\lambda_1, 0, -2\lambda_1\}$ となることを示せ．

§7 で，半単純リー代数 $\mathfrak{g}$ の実カルタン部分代数 $\mathfrak{h}_{\mathbf{R}}$ を，コルート系 $\Phi \subset \mathfrak{h}$ より，

$$\mathfrak{h}_{\mathbf{R}} = \sum_{t_{\alpha_i} \in \Phi} \mathbf{R}\, t_{\alpha_i} \subset \mathfrak{h}$$

として定めた．双対実カルタン部分代数 $\mathfrak{h}^*_{\mathbf{R}} = \{g : \mathfrak{h}_{\mathbf{R}} \to \mathbf{R},\ \text{線形}\}$ は，$\mathfrak{h}^*_{\mathbf{R}} = \sum_{\alpha_i \in \Delta} \mathbf{R}\alpha_i$ だから，ノンゼロルートの実線形結合に等しかった．同じように，次の定理が成立する．証明は，ノンゼロルートの集合（Δ の基本系）$\Pi \subset \mathfrak{h}^*$ が $\mathfrak{h}^*_{\mathbf{R}}$ に含まれることの証明とほぼ同じやり方でできる．

定理 9.2　半単純リー代数 $\mathfrak{g}$ に対し，$\mathfrak{h} \subset \mathfrak{g}$ をカルタン部分代数とする．任意の表現 $f : \mathfrak{g} \to \mathfrak{gl}(p, \mathbf{C})$ に対し，

$$\triangle(f) \subset \mathfrak{h}^*_{\mathbf{R}} \ (\subset \mathfrak{h}^*).$$

いい換えると，任意のコルート $t_\alpha \in \Phi \subset \mathfrak{h}$，任意のウェイト $\lambda \in \triangle(f)$ に対し，

$$\lambda(t_\alpha) \in \mathbf{R}.$$

半単純リー代数$\mathfrak{g}$の任意のノンゼロルートα，表現$f:\mathfrak{g}\to\mathfrak{gl}(p,\mathbf{C})$の任意のウェイト$\lambda\in\Delta(f)$に対し，ルートの場合と同様に，次の定理が成り立つ.

定理 9.3　$-q\leq k\leq p$をみたすすべての整数kに対し，$\lambda+k\alpha$がウェイトで，$\lambda-(q+1)\alpha$，$\lambda+(p+1)\alpha$がともにウェイトでない整数p,q（ただし$p,q\geq 0$）をとる（これは可能）．このとき，

$$q-p=\frac{2B^*(\lambda,\alpha)}{B^*(\alpha,\alpha)}$$

が成立する.

ルートの場合と同様に，さらに次が成立する.

定理 9.4　$\lambda+k\alpha$がウェイトであるような整数kの最大値をp，最小値をqとすると，$\lambda+k\alpha$は$-q\leq k\leq p$となる整数kに対し，すべてウェイトとなる.

定理9.4の$\lambda+k\alpha$（$-q\leq k\leq p$）を，λ**を含むウェイトの**α**系列**という.

定義　半単純リー代数$\mathfrak{g}$の実カルタン部分代数$\mathfrak{h}_{\mathbf{R}}$から$\mathbf{R}$への線形写像$\mu:\mathfrak{h}_{\mathbf{R}}\to\mathbf{R}$（$\mu\in\mathfrak{h}_{\mathbf{R}}^*$）に対し，**カルタン数**$c_{\mu\alpha}\in\mathbf{R}$を

$$c_{\mu\alpha}=\frac{2B^*(\mu,\alpha)}{B^*(\alpha,\alpha)}$$

で定める.

次もルートの場合と同様に成り立つ.

命題 9.1　半単純リー代数$\mathfrak{g}$の任意のノンゼロルートα，表現$f:\mathfrak{g}\to\mathfrak{gl}(p,\mathbf{C})$の任意のウェイト$\lambda\in\Delta(f)$に対し，

$$\lambda-c_{\lambda\alpha}\alpha$$

はウェイトとなる.

定義　$\mu \in \mathfrak{h}_{\mathbf{R}}^*$ であって，$\mathfrak{g}$ の任意のノンゼロルート $\alpha \in \Delta$ に対し，

$$c_{\mu\alpha} \in \mathbf{Z}$$

となるものを（$\mathfrak{h}_{\mathbf{R}}$ 上の）**整形式**という．

定理6.3より，ルートのカルタン数は整数となるので，ルートは整形式であるが，上の定理9.3より，ウェイトも整形式となり，ウェイト系 $\Delta(f)$ は，整形式の有限個の集まりということができる．

整形式であるかどうかは，すべての Δ の元に対してのカルタン数が，整数であるかをみる必要はなく，基本系に対するカルタン数のみをみればよい．

実際，次の定理が成立するが，この証明のあらすじは，節末（p. 85）に述べることにする．

定理 9.5　$\Pi = \{\alpha_1, \cdots, \alpha_l\}$ を半単純リー代数のルートの基本系とする．$\mu \in \mathfrak{h}_{\mathbf{R}}^*$ が整形式となる条件は，

$$c_{\mu\alpha_i} \in \mathbf{Z} \qquad (i = 1, \cdots, l)$$

が成り立つことである．

さて，ウェイトの集合 $\Delta(f)$ は有限個の整形式の集合であり，整形式全体の集合は $\mathfrak{h}_{\mathbf{R}}^*$ の部分集合であった．§8で説明したように，$\mathfrak{h}_{\mathbf{R}}^*$ の元たちには，$\mathfrak{h}_{\mathbf{R}}^*$ の1つの基底（例えばルートの基本系）を固定することにより，順序をきめることができた．（基底により，$\mathfrak{h}_{\mathbf{R}}^*$ の元 μ は $\{\mu_1, \cdots, \mu_l\}$ として，l（$= \dim \mathfrak{h}_{\mathbf{R}}$）個の実数の組で表されるから，$\mu > \mu'$ を

$$\mu_1 = \mu_1', \quad \cdots, \quad \mu_k = \mu_k', \quad \mu_{k+1} > \mu_{k+1}'$$

と定めれば順序がきまる．）

（基底をきめて）順序を定めると，ウェイトの集合 $\Delta(f)$ は有限個の集合であるから，その中で順序が最大のものが存在する．これを（順序をきめたときの）表現 $f : \mathfrak{g} \to \mathfrak{gl}(p, \mathbf{C})$ の**最高ウェイト**という．

定理 9.6　$\mu \in \mathfrak{h}_{\mathbf{R}}^*$ を，半単純リー代数 $\mathfrak{g}$ の既約表現 $f: \mathfrak{g} \to \mathfrak{gl}(p, \mathbf{C})$ の最高ウェイトとするとき，すべての単純ルート α_i $(1 \leq i \leq l)$ に対し，

$$c_{\mu\alpha_i} \geq 0$$

が成り立つ．

順序は勝手にとれるが，単純ルートはその順序にそって決定されるので，上の定理が成り立つわけである．

[**証明**]　命題 9.1 より，$\mu - c_{\mu\alpha_i}\alpha_i$ はウェイトであるが，μ が最高ウェイトであるから，

$$\mu - (\mu - c_{\mu\alpha_i}\alpha_i) = c_{\mu\alpha_i}\alpha_i \geq 0 .$$

また，α_i が単純ルートであるから，$\alpha_i > 0$ より，

$$c_{\mu\alpha_i} \geq 0$$

となる．　◇

例 9.2　例 9.1 より，$\mathfrak{sl}(2, \mathbf{C})$ の包含写像の定める恒等表現 $\iota: \mathfrak{sl}(2, \mathbf{C}) \to \mathfrak{gl}(2, \mathbf{C})$ に対して，ウェイトの集合 $\Delta(\iota)$ は，λ_1 と $-\lambda_1$ であった．§5 の結果より，$\mathfrak{sl}(2, \mathbf{C})$ のルートは，$\pm(\lambda_1 - (-\lambda_1)) = \pm 2\lambda_1$ で与えられる．

$\lambda_1 \geq -\lambda_1$ のとき，最高ウェイトと単純ルートは λ_1 と $2\lambda_1$ となり，$\lambda_1 \leq -\lambda_1$ のとき，最高ウェイトと単純ルートは，$-\lambda_1$ と $-2\lambda_1$ となる．いずれにしても，最高ウェイト λ と単純ルート α に対し，

$$c_{\lambda\alpha} = 1 > 0$$

となる．　◇

$\mu \in \mathfrak{h}_{\mathbf{R}}^*$ とする．すべての単純ルート α_i に対するカルタン数 $c_{\mu\alpha_i}$ について，

$$c_{\mu\alpha_i} \geq 0$$

が成り立つとき，$\mu \in \mathfrak{h}_{\mathbf{R}}^*$ を**支配的な形式**という．したがって，半単純リー代数 $\mathfrak{g}$ の表現 $f: \mathfrak{g} \to \mathfrak{gl}(p, \mathbf{C})$ の最高ウェイトは，整形式で支配的，すなわち，支配的な整形式である．

次が基本的な大定理である．半単純リー代数 $\mathfrak{g}$ を１つ固定する．

定理 9.7（カルタン） 半単純リー代数 $\mathfrak{g}$ の既約表現（の同値類）全体と，$\mathfrak{h}_{\mathbf{R}}^*$ 上の支配的な整形式は，１対１に対応する．すなわち，既約表現の最高ウェイトは支配的な整形式であるが，逆に，支配的な整形式に対し，（同値なものを除いて）ただ１つの $\mathfrak{g}$ の既約表現が存在して，その最高ウェイトが与えられた支配的な整形式となる．

この定理の不思議なことは，ウェイトは有限個の整形式の集合であるが，その最高ウェイトだけを与えると，既約表現が定まり，したがって，すべての他のウェイトまで定まってしまうことも導いていることである．実際（ルートはきまっているのだから，そのデータを使って），最高ウェイトから他の（同じ表現の）ウェイトを探す方法も知られている．このようにすべてのウェイトがわかることが，表現を決定することになる．

半単純リー代数 $\mathfrak{g}$ と，その実カルタン部分代数 $\mathfrak{h}$ が与えられているとき，支配的な整形式がどれだけあるかを知ることは容易である．その考え方については以下で述べる．

ウェイトの基本系の定義　ルート系 Δ と，その基本系 $\Pi=\{\alpha_1,\cdots,\alpha_l\}$ が定まっているとする．Π により，$\mathfrak{h}_{\mathbf{R}}^*$ に順序が定まり，Π は単純ルートの集合となっている（定理 8.4）．

§8 で，$\mathfrak{g}$ のカルタン行列 $C=[c_{ij}]$ を定義し，それが正則行列であることも示した．C の逆行列を C^{-1} と書こう．

次の定義は，一見唐突であるが，すぐに，そう定義する意味がわかるであろう．

$\mathfrak{h}_{\mathbf{R}}^*$ の l 個の元 $\omega_1,\cdots,\omega_l$ を次の式で定義し，それらを**基本ウェイト**といい，$\mathfrak{h}_{\mathbf{R}}^*$ の部分集合 $\Theta=\{\omega_1,\cdots,\omega_l\}$ を**ウェイトの基本系**という．

$$\begin{bmatrix} \omega_1 \\ \vdots \\ \omega_l \end{bmatrix} = C^{-1} \begin{bmatrix} \alpha_1 \\ \vdots \\ \alpha_l \end{bmatrix}.$$

C^{-1} も正則行列だから，ウェイトの基本系は，$\mathfrak{h}_{\mathbf{R}}^*$ の基底となる．

注意： ウェイトという言葉が何度もでてきて紛らわしいが，いままでは，1つの表現に対するウェイトを考えた．ウェイトの基本系は，リー代数の表現をすべて作りあげるものとして，ルートの基本系をきめたリー代数に対して定義されるものである．

このとき，次が成り立つ．

定理 9.8　$\Theta = \{\omega_1, \cdots, \omega_l\}$ をウェイトの基本系とするとき，$\mathfrak{h}_{\mathbf{R}}^*$ 上の支配的な整形式は，0 または自然数の l 個の組 $\{m_1, \cdots, m_l\}$ により，

$$\lambda = \sum_{j=1}^{l} m_j \omega_j$$

と書かれる．

逆に，このようなものは $\mathfrak{h}_{\mathbf{R}}^*$ 上の支配的な整形式である．

[**証明**]　任意の $\lambda \in \mathfrak{h}_{\mathbf{R}}^*$ は，$\{\omega_1, \cdots, \omega_l\}$ が $\mathfrak{h}_{\mathbf{R}}^*$ の基底だから，

$$\lambda = \sum_{j=1}^{l} m_j \omega_j, \qquad m_j \in \mathbf{R}$$

と表される．$C^{-1} = [\, d_{ij} \,]$ とすると，

$$\sum_k d_{jk} c_{ki} = \delta_{ji} \qquad (\,\delta_{ji}：クロネッカーのデルタ\,).$$

単純ルート α_i に対し，カルタン数 $c_{\lambda\alpha_i} = \dfrac{2B^*(\lambda, \alpha_i)}{B^*(\alpha_i, \alpha_i)}$ を計算すると，

$$c_{\lambda\alpha_i} = \sum_{j=1}^{l} m_j c_{\omega_j\alpha_i} = \sum_{j=1}^{l} m_j \sum_{k=1}^{l} d_{jk} c_{ki}$$

$$= \sum_{j=1}^{l} m_j \delta_{ji} = m_i$$

となり，支配的な整形式の条件は，

$$m_i \in \mathbf{Z}, \quad m_i \geq 0 \qquad (1 \leq i \leq l)$$

となる．　◇

例 9.3 $\mathfrak{sl}(3, \mathbf{C})$ のルートの基本系 $\alpha_1 = \lambda_1 - \lambda_2$, $\alpha_2 = \lambda_2 - \lambda_3$ に対し，カルタン行列は，

$$\begin{bmatrix} 2 & -1 \\ -1 & 2 \end{bmatrix}$$

で与えられるから，逆行列は

$$\frac{1}{3}\begin{bmatrix} 2 & 1 \\ 1 & 2 \end{bmatrix}.$$

したがって，ウェイトの基本系は

$$\left\{ \omega_1 = \frac{1}{3}(2\alpha_1 + \alpha_2) = \lambda_1, \quad \omega_2 = \frac{1}{3}(\alpha_1 + 2\alpha_2) = \lambda_1 + \lambda_2 \right\}. \quad \diamond$$

例 9.4 $\mathfrak{o}(5, \mathbf{C})$ のルートの基本系 $\alpha_1 = \lambda_1 - \lambda_2$, $\alpha_2 = \lambda_2$ に対し，カルタン行列は，

$$\begin{bmatrix} 2 & -2 \\ -1 & 2 \end{bmatrix}$$

で与えられるから，逆行列は

$$\frac{1}{2}\begin{bmatrix} 2 & 2 \\ 1 & 2 \end{bmatrix}.$$

したがって，ウェイトの基本系は

$$\left\{ \omega_1 = \alpha_1 + \alpha_2 = \lambda_1, \quad \omega_2 = \frac{1}{2}(\alpha_1 + 2\alpha_2) = \frac{1}{2}(\lambda_1 + \lambda_2) \right\}. \quad \diamond$$

基本ウェイト ω_j 自身も支配的な整形式であり，それを最高ウェイトとする既約表現を具体的に作ることができる．これらを**基本既約表現**という．それに対し，

$$\lambda = \sum_{j=1}^{l} m_j \omega_j$$

は，基本既約表現たちのテンソル積表現の既約成分として現れる．テンソル積表現は説明が長くなるので，必要になったら，別の本で学んでもらいたい．

例 9.5　例 9.3 で調べた $\mathfrak{sl}(3, \mathbf{C})$ の基本ウェイトに対応する基本既約表現を調べよう．ルートの基本系 $\alpha_1 = \lambda_1 - \lambda_2$, $\alpha_2 = \lambda_2 - \lambda_3$ により，$\mathfrak{h}_{\mathbf{R}}^*$ に順序を入れると（定理 8.4），$\lambda_1 = \alpha_1 + \lambda_2$, $\lambda_2 = \alpha_2 + \lambda_3$ より，$\lambda_1 > \lambda_2 > \lambda_3$．包含写像 $\iota : \mathfrak{sl}(3, \mathbf{C}) \subset \mathfrak{gl}(3, \mathbf{C})$ が定める恒等表現 $\iota : \mathfrak{sl}(3, \mathbf{C}) \to \mathfrak{gl}(3, \mathbf{C})$ のウェイトは，$\lambda_1, \lambda_2, \lambda_3$ だから，ι の最高ウェイトは，$\lambda_1 = \omega_1$ に等しい．すなわち，基本ウェイト ω_1 に対応する基本既約表現は，恒等表現 ι である．一方，基本ウェイト ω_2 に対応する基本既約表現は，

$$\iota^*(X) = -{}^t\iota(X) \text{ （}\iota(X)\text{ の転置行列の }-1\text{ 倍）} \in \mathfrak{gl}(3, \mathbf{C}),$$
$$X \in \mathfrak{sl}(3, \mathbf{C}),$$

として定まる**反傾表現** $\iota^* : \mathfrak{sl}(3, \mathbf{C}) \to \mathfrak{gl}(3, \mathbf{C})$ である．　◇

問 9.4　反傾表現 $\iota^* : \mathfrak{sl}(3, \mathbf{C}) \to \mathfrak{gl}(3, \mathbf{C})$ の最高ウェイトは，ω_2（$= \lambda_1 + \lambda_2 = -\lambda_3$）であることを示せ．

例 9.6　例 9.4 で調べた $\mathfrak{o}(5, \mathbf{C})$ の基本ウェイトに対応する基本既約表現は次で与えられる．基本ウェイト ω_1 に対応する基本既約表現は，恒等表現 $\iota : \mathfrak{o}(5, \mathbf{C}) \to \mathfrak{gl}(5, \mathbf{C})$ である．一方，基本ウェイト ω_2 に対応する基本既約表現は，同型 $\mathfrak{o}(5, \mathbf{C}) \to \mathfrak{sp}(2, \mathbf{C})$（§7 の最後参照）を通じて得られる**スピン表現**

$$sp : \mathfrak{o}(5, \mathbf{C}) \to \mathfrak{gl}(4, \mathbf{C})$$

である．　◇

〈p. 80 の補足説明(第 3 版付記)〉

定理 9.5 の証明のあらすじ　半単純リー代数 $\mathfrak{g}$ のルート $\alpha \in \Delta \subset \mathfrak{h}_{\mathbf{R}}^*$ に対し，双対ルート $\alpha^\vee \in \mathfrak{h}_{\mathbf{R}}^*$ を $\alpha^\vee = \dfrac{2\alpha}{B^*(\alpha, \alpha)}$ で定義する．そのとき，集合 $\Delta^\vee = \{\alpha^\vee ; \alpha \in \Delta\}$ はある半単純リー代数 $\mathfrak{g}^\vee$ のルート系となり，$\{\alpha_i\}$ が $\mathfrak{g}$ のルートの基本系ならば，$\{\alpha_i^\vee\}$ が $\mathfrak{g}^\vee$ のルートの基本系となる．$C_{\alpha^\vee\beta^\vee} = C_{\beta\alpha}$ だから，ルートの基本系の性質 (2) より，定理が導かれる．$\mathfrak{g}^\vee$ は $\mathfrak{g}$ のディンキン図形の矢印を逆にしたもので，$\mathfrak{g} = \mathfrak{sl}(m+1, \mathbf{C})$ または $\mathfrak{g} = \mathfrak{o}(2m, \mathbf{C})$ ならば $\mathfrak{g} = \mathfrak{g}^\vee$．$\mathfrak{o}(2m+1, \mathbf{C})^\vee = \mathfrak{sp}(m, \mathbf{C})$, $\mathfrak{sp}(m, \mathbf{C})^\vee = \mathfrak{o}(2m+1, \mathbf{C})$．

§ 10. $\mathfrak{sl}(2, \mathbf{C})$ の表現

2 次元特殊線形リー代数 $\mathfrak{sl}(2, \mathbf{C})$ は

$$\left\{ \begin{bmatrix} a & b \\ c & -a \end{bmatrix} ; a, b, c \in \mathbf{C} \right\}$$

と書き表される．この節の目的は，$\mathfrak{sl}(2, \mathbf{C})$ の既約表現は，$p \geq 1$ の自然数に対し，次数 p の表現が必ず存在して，同じ次数ならば同値になるということおよび，$\mathfrak{sl}(2, \mathbf{C})$ のすべての（既約とは限らない）表現は対角化可能であることを，難しいことは何も使わないで証明することである．

問 10.1 $\mathfrak{sl}(2, \mathbf{C})$ の 1 次元表現は，0 表現であることを示せ．実はすべての半単純リー代数の 1 次元表現は，0 表現である．

次の定理が成り立つ．

定理 10.1 $f : \mathfrak{sl}(2, \mathbf{C}) \to \mathfrak{gl}(p, \mathbf{C})$ を，$\mathfrak{sl}(2, \mathbf{C})$ の既約な表現（$\mathfrak{sl}(2, \mathbf{C})$ は半単純であるから完全可約であり，表現の直和に表せない表現といってよい）とする．そのとき，$\mathbf{C}^p$ の基底 $\{ \boldsymbol{v}_1, \cdots, \boldsymbol{v}_p \}$ がとれて

$$f(\begin{bmatrix} a & b \\ c & -a \end{bmatrix}) \in \mathfrak{gl}(p, \mathbf{C})$$

が（大きいので次のページに書く）行列 Ξ_p という形となる．よって，すべての $p \geq 1$ に対して，（同値のものは同じとみなして）ただ 1 つの既約表現が存在する．

この行列は対角線に

$$(p-1)a, \quad (p-3)a, \quad \cdots, \quad (p-2j+1)a, \quad \cdots, \quad -(p-1)a$$

が並び，対角線より 1 つ上に斜めに

$$(p-1)b, \quad \cdots, \quad (p-j+1)b, \quad \cdots, \quad b$$

が並び，対角線より 1 つ下に斜めに

$$c, \quad 2c, \quad \cdots, \quad jc, \quad \cdots, \quad (p-1)c$$

が並んでいて，残りはすべて 0 というものである：

$\Xi_p =$
$$\begin{bmatrix} (p-1)a & (p-1)b & & & & & & & & \\ c & (p-3)a & & & & & \text{\huge 0} & & \\ & 2c & & & & & & & \\ & & \ddots & & & & & & \\ & & & (p-j+1)b & & & & & \\ & & & (p-2j+1)a & & & & & \\ & & & jc & & & & & \\ & & & & \ddots & & & & \\ & & & & & 2b & & & \\ & & & & & -(p-3)a & b & & \\ & \text{\huge 0} & & & & (p-1)c & -(p-1)a \end{bmatrix}$$

$\mathbf{C}^p$ の基底 $\{\boldsymbol{v}_1, \cdots, \boldsymbol{v}_p\}$ による表現を式で表すと，

$$H = \begin{bmatrix} 1 & 0 \\ 0 & -1 \end{bmatrix}, \qquad E = \begin{bmatrix} 0 & 1 \\ 0 & 0 \end{bmatrix}, \qquad F = \begin{bmatrix} 0 & 0 \\ 1 & 0 \end{bmatrix}$$

に対し，

$$f(H)\,\boldsymbol{v}_j = (p - 2j + 1)\,\boldsymbol{v}_j,$$
$$f(E)\,\boldsymbol{v}_j = (p - j + 1)\,\boldsymbol{v}_{j-1},$$
$$f(F)\,\boldsymbol{v}_j = j\,\boldsymbol{v}_{j+1}$$

となる．

例 10.1 $p = 1, 2, 3, 4$ のとき，Ξ_p は，それぞれ

$$0, \quad \begin{bmatrix} a & b \\ c & -a \end{bmatrix}, \quad \begin{bmatrix} 2a & 2b & 0 \\ c & 0 & b \\ 0 & 2c & -2a \end{bmatrix}, \quad \begin{bmatrix} 3a & 3b & 0 & 0 \\ c & a & 2b & 0 \\ 0 & 2c & -a & b \\ 0 & 0 & 3c & -3a \end{bmatrix}$$

である． ◇

問 10.2 問 2.1 で，$\mathfrak{sl}(2,\mathbf{C})$ から $\mathfrak{o}(3,\mathbf{C})$ への同型写像を

$$f\left(\begin{bmatrix} a & b \\ c & -a \end{bmatrix}\right) = \begin{bmatrix} 0 & -2ia & -b+c \\ 2ia & 0 & -ib-ic \\ b-c & ib+ic & 0 \end{bmatrix}$$

として与えた．$\mathfrak{o}(3,\mathbf{C})$ は，自然に $\mathfrak{gl}(3,\mathbf{C})$ の部分リー代数だから，f は $\mathfrak{sl}(2,\mathbf{C})$ の 3 次の表現とみなせる．また，問 3.5 で与えた随伴表現

$$\mathrm{ad}\left(\begin{bmatrix} a & b \\ c & -a \end{bmatrix}\right) = \begin{bmatrix} 0 & -c & b \\ -2b & 2a & 0 \\ 2c & 0 & -2a \end{bmatrix}$$

も，$\mathfrak{sl}(2,\mathbf{C})$ の 3 次の表現である．これら 2 つは，定理 10.1 の表現と同値であることを示せ．

§9 で，$f(H)$ は常に対角化可能であることを証明なしに使って，$\mathbf{C}^p$ はウェイト空間の直和に分解できることを示した．この節では循環論法に落ちいらないように，$\mathbf{C}^p$ がウェイト空間の直和分解となることを使わずに，この定理 10.1 を証明する．

定理 10.1 の証明： H, E, F の既約表現 f による像 $f(H), f(E), f(F) \in \mathfrak{gl}(p,\mathbf{C})$ を，簡単のため $\tilde{H}, \tilde{E}, \tilde{F}$ と書こう．そのとき次が成立する．

命題 10.1 勝手な自然数 n に対し，

（1） $[\tilde{H}, \tilde{E}^n] = 2n\tilde{E}^n$，

（2） $[\tilde{H}, \tilde{F}^n] = -2n\tilde{F}^n$，

（3） $[\tilde{E}, \tilde{F}^n] = n\tilde{F}^{n-1}\tilde{H} - n(n-1)\tilde{F}^{n-1}$，

（4） $[\tilde{F}, \tilde{E}^n] = -n\tilde{H}\tilde{E}^{n-1} + n(n-1)\tilde{E}^{n-1}$.

問 10.3 n に関する帰納法で上の命題を示せ．

命題 10.2 $\mathbf{C}^p$ の元 $\boldsymbol{v}\,(\neq 0)$ であって，$\tilde{H}$ の固有ベクトルであり，$\tilde{E}(\boldsymbol{v}) = 0$ となるものが必ず存在する．

上の $\boldsymbol{v}$ を表現 f の**原始ベクトル**という．（E が $\mathfrak{sl}(2,\mathbf{C})$ のただ1つの単純コルート t_{λ_1} の張る空間 $\mathbf{C}t_{\lambda_1}$ に含まれているので，F でなく E を考えている．）

［**証明**］ 複素行列は少なくとも1個は必ず固有値をもつから，$\tilde{H}\in\mathfrak{gl}(p,\mathbf{C})$ の1つの固有値 μ に対する1つの固有ベクトルを $\boldsymbol{u}(\neq 0)\in\mathbf{C}^p$ とする．よって $\tilde{H}\boldsymbol{u}=\mu\boldsymbol{u}$. 前の命題10.1より，

$$\begin{aligned}\tilde{H}\tilde{E}^n(\boldsymbol{u}) &= \tilde{E}^n\tilde{H}(\boldsymbol{u})+2n\tilde{E}^n(\boldsymbol{u})\\ &= \tilde{E}^n(\mu\boldsymbol{u})+2n\tilde{E}^n(\boldsymbol{u})\\ &= (\mu+2n)\tilde{E}^n(\boldsymbol{u})\end{aligned}$$

が成り立つから，もし $\tilde{E}^n(\boldsymbol{u})\neq 0$ ならば，$(\mu+2n)$ も $\tilde{H}$ の固有値となる．一方，すべての $n>0$ に対して，$\tilde{E}^n(\boldsymbol{u})\neq 0$ ならば，固有値が $\mu,\ \mu+2,\ \cdots,\ \mu+2n$ と無限個になり，固有値の個数が p を越えることになり矛盾する．したがって，ある $k>0$ が存在して，

$$\tilde{E}^{k-1}(\boldsymbol{u})\neq 0, \qquad \tilde{E}^k(\boldsymbol{u})=0$$

となる．この k についての $\boldsymbol{v}=\tilde{E}^{k-1}(\boldsymbol{u})$ が求めるものである． ◇

定理10.1の証明の続き： 上の命題10.2の $\boldsymbol{v}$ に対し，$\boldsymbol{v}_1,\cdots,\boldsymbol{v}_j,\cdots$ を，

$$\boldsymbol{v}_j=\frac{1}{(j-1)!}\tilde{F}^{j-1}(\boldsymbol{v}) \qquad (j=1,2,\cdots)$$

とおく．$\boldsymbol{v}$ の $\tilde{H}$ の固有値を λ とする：$\tilde{H}(\boldsymbol{v})=\lambda\boldsymbol{v}$. 命題10.1より，

$$\begin{aligned}\tilde{H}(\boldsymbol{v}_j) &= \frac{1}{(j-1)!}(\tilde{H}\tilde{F}^{j-1})(\boldsymbol{v})\\ &= \frac{1}{(j-1)!}([\tilde{H},\tilde{F}^{j-1}](\boldsymbol{v})+(\tilde{F}^{j-1}\tilde{H})(\boldsymbol{v}))\\ &= (\lambda-2j+2)\boldsymbol{v}_j,\\ \tilde{E}(\boldsymbol{v}_j) &= \frac{1}{(j-1)!}(\tilde{E}\tilde{F}^{j-1})(\boldsymbol{v})\\ &= \frac{1}{(j-1)!}([\tilde{E},\tilde{F}^{j-1}](\boldsymbol{v})+(\tilde{F}^{j-1}\tilde{E})(\boldsymbol{v}))\\ &= (\lambda-j+2)\boldsymbol{v}_{j-1},\\ \tilde{F}(\boldsymbol{v}_j) &= j\boldsymbol{v}_{j+1}\end{aligned}$$

が成立する．それぞれの $\boldsymbol{v}_j$ は，線形変換 $\tilde{H}$ の固有値を $(\lambda-2j+2)$ とする固有空間の元であるから，0 でない限り互いに線形独立で，したがって，ある $1\le q\le p$ が存在して，$\boldsymbol{v}_q\ne 0$, $\boldsymbol{v}_{q+1}=0$ となる．

$$\tilde{E}(\boldsymbol{v}_{q+1})=(\lambda-q+1)\boldsymbol{v}_q$$

より，$q=\lambda+1$ となり，λ は自然数であることもわかる．したがって，$\boldsymbol{v}_1, \cdots, \boldsymbol{v}_q$ は，すべて整数を固有値とする固有ベクトルとなる．$\boldsymbol{v}_1, \cdots, \boldsymbol{v}_q$ で張られる $\mathbf{C}^p$ の部分空間を V とし，これらを基底と考えて，$\mathbf{C}^q$ と同一視する．$\mathfrak{sl}(2,\mathbf{C})$ の元 H, E, F に対し，$\tilde{H}=f(H)$, $\tilde{E}=f(E)$, $\tilde{F}=f(F)$ は，$\mathfrak{gl}(q,\mathbf{C})$ の元と考えられる．

$$f:\ \mathfrak{sl}(2,\mathbf{C})\to\mathfrak{gl}(q,\mathbf{C})$$

が $\mathfrak{sl}(2,\mathbf{C})$ の表現であることは，単純な計算で示される．この表現 f が既約であることを示せば，$q=p$, $V=\mathbf{C}^p$ となり，$\lambda=q-1=p-1$ だったから，定理に書いた行列の表現と同じになり，証明が終わる．既約なことは，次のようにしてわかる．

W を，$f(\mathfrak{sl}(2,\mathbf{C}))$ で不変な $\mathbf{C}^q$ の部分空間とする．そのとき，

$$\tilde{H}(W)\subset\mathbf{C}^q,\quad \tilde{E}(W)\subset\mathbf{C}^q,\quad \tilde{F}(W)\subset\mathbf{C}^q$$

である．$\tilde{H}$ の $k\,(\in\mathbf{C})$倍の元でも不変だから，W は，W に含まれる $\boldsymbol{v}_j$ たちで生成される線形空間である．$\tilde{E}$ で不変であることをくり返し使うと，$\boldsymbol{v}_1\in W$ でなくてはならない．$\tilde{F}$ で不変であることをくり返し使うと，$\boldsymbol{v}_j\in W$ $(1\le j\le q)$ でなくてはならない．よって，$W=\mathbf{C}^q$ となり，既約性の証明も終わる．（証明終り）

$\mathfrak{h}=\mathbf{C}H$ とおくと，$\mathfrak{h}$ は $\mathfrak{sl}(2,\mathbf{C})$ のカルタン部分代数であり，$\mathfrak{gl}(p,\mathbf{C})$ への既約表現のウェイトは，$\{(p-1)\lambda_1, (p-3)\lambda_1, \cdots, -(p-1)\lambda_1\}$ となる．ただし，λ_1 は，$\mathfrak{h}$ の元 $\begin{bmatrix} a & 0 \\ 0 & -a \end{bmatrix}$ に a を対応させる $\mathfrak{h}^*$ の元である．

くり返しをいとわず，定理 10.1 からでてくることを，系としてまとめて述べよう．

系 10.1 $f:\mathfrak{sl}(2,\mathbf{C})\to\mathfrak{gl}(p,\mathbf{C})$ （$p\geq 1$）を $\mathfrak{sl}(2,\mathbf{C})$ の既約な表現とする．そのとき，次が成り立つ．

（1） カルタン部分代数を $\mathfrak{h}=\mathbf{C}H$ とすると，

$$\triangle(f)=\{(p-1)\lambda_1,(p-3)\lambda_1,\cdots,-(p-1)\lambda_1\},$$
$$\dim\mathbf{C}^p_\mu=1,\qquad \forall\mu\in\triangle(f).$$

（2） 表現 f の（自然な $\mathfrak{h}^*_{\mathbf{R}}$ の順序での）最高ウェイトは $(p-1)\lambda_1$ である．

したがって，$\mathfrak{sl}(2,\mathbf{C})$ の p 次の既約表現はすべて同値となる．

例 9.3 と同様の計算より，$\mathfrak{sl}(2,\mathbf{C})$ では $\omega_1=\lambda_1$ であるから，支配的な整形式は $q\lambda_1$（$q=0,1,2,\cdots$）という形となる．よって，系 10.1 は定理 9.7 の特別な場合とみなすことができる．

系 10.2 f を $\mathfrak{sl}(2,\mathbf{C})$ の任意の表現（既約とは限らない）とすると，$f(H)$（ただし $H=\begin{bmatrix}1&0\\0&-1\end{bmatrix}$）は常に対角化可能であり，$f(H)$ の固有値は整数となる．

［**証明**］ f は既約でなくても，$\mathfrak{sl}(2,\mathbf{C})$ は半単純だから，既約なものの直和となる．よって系が成立する． ◇

問題の解答

問 1.1 $[X, Y] = \begin{bmatrix} 1 & 3 \\ 2 & 4 \end{bmatrix}\begin{bmatrix} 2 & 4 \\ 3 & 6 \end{bmatrix} - \begin{bmatrix} 2 & 4 \\ 3 & 6 \end{bmatrix}\begin{bmatrix} 1 & 3 \\ 2 & 4 \end{bmatrix}$

$$= \begin{bmatrix} 11 & 22 \\ 16 & 32 \end{bmatrix} - \begin{bmatrix} 10 & 22 \\ 15 & 33 \end{bmatrix} = \begin{bmatrix} 1 & 0 \\ 1 & -1 \end{bmatrix}$$

問 1.2 $[Z, [X, Y]] = [\begin{bmatrix} 3 & 7 \\ 9 & 1 \end{bmatrix}, \begin{bmatrix} 1 & 0 \\ 1 & -1 \end{bmatrix}] = \begin{bmatrix} 7 & -14 \\ 16 & -7 \end{bmatrix}$ など3つ計算して和をとる.

問 1.3 $\mathfrak{g}_{i,j} = \{ A \in \mathfrak{gl}(m, \mathbf{C}) \,;\, s \neq i,\ t \neq j$ ならば $A_{st} = 0\}$ とすると, $j \neq s$ で, $X \in \mathfrak{g}_{i,j}, Y \in \mathfrak{g}_{s,t}$ ならば, $XY = 0$.

$\mathfrak{g}_i = \sum_s \mathfrak{g}_{s,s+i}$, $\mathfrak{g}_j = \sum_{s'} \mathfrak{g}_{s',s'+j}$. よって, $XY \in \sum_s \mathfrak{g}_{s,s+i+j} = \mathfrak{g}_{i+j}$. 同様に, $YX \in \mathfrak{g}_{i+j}$. したがって, $[X, Y] = XY - YX \in \mathfrak{g}_{i+j}$.

問 1.4 $\mathfrak{g}^{(0)}$ について(残りも同様). $\mathfrak{g}^{(0)} = \mathfrak{g}_0 \oplus \mathfrak{g}_1 \oplus \cdots \oplus \mathfrak{g}_p$ であるが, $[\mathfrak{g}_i, \mathfrak{g}_j] \subset \mathfrak{g}_{i+j}$ より, $[\mathfrak{g}^{(0)}, \mathfrak{g}^{(0)}] \subset \mathfrak{g}^{(0)}$.

問 1.5 $X = \begin{bmatrix} 0 & a & b \\ 0 & 0 & c \\ 0 & 0 & 0 \end{bmatrix}$, $Y = \begin{bmatrix} 0 & p & q \\ 0 & 0 & r \\ 0 & 0 & 0 \end{bmatrix}$, $Z = \begin{bmatrix} 0 & s & t \\ 0 & 0 & u \\ 0 & 0 & 0 \end{bmatrix}$ とすると,

$[X, Y] = \begin{bmatrix} 0 & 0 & ar - cp \\ 0 & 0 & 0 \\ 0 & 0 & 0 \end{bmatrix}$ より, $[[X, Y], Z] = 0$ となる.

問 1.6 $\begin{bmatrix} 0 & & & a \\ & & b & \\ & b & & \\ a & & & 0 \end{bmatrix}\begin{bmatrix} 0 & & & a' \\ & & b' & \\ & b' & & \\ a' & & & 0 \end{bmatrix} = \begin{bmatrix} aa' & & & 0 \\ & bb' & & \\ & & bb' & \\ 0 & & & aa' \end{bmatrix}$ などより.

問 1.7　$X, Y \in \mathfrak{g}_J$ とする.

$$
\begin{aligned}
&{}^t[X, Y]J + J[X, Y] \\
&= ({}^tY{}^tX - {}^tX{}^tY)J + J(XY - YX) \\
&= {}^tY({}^tXJ + JX) - {}^tX({}^tYJ + JY) + (JX + {}^tXJ)Y - (JY + {}^tYJ)X = 0.
\end{aligned}
$$

よって, $[X, Y] \in \mathfrak{g}_J$.

問 1.8　$${}^tXJ_0 = \begin{bmatrix} {}^tX_{11} & {}^tX_{21} \\ {}^tX_{12} & {}^tX_{22} \end{bmatrix}\begin{bmatrix} 0 & E_m \\ -E_m & 0 \end{bmatrix} = \begin{bmatrix} -{}^tX_{21} & {}^tX_{11} \\ -{}^tX_{22} & {}^tX_{12} \end{bmatrix},$$

$$J_0X = \begin{bmatrix} 0 & E_m \\ -E_m & 0 \end{bmatrix}\begin{bmatrix} X_{11} & X_{12} \\ X_{21} & X_{22} \end{bmatrix} = \begin{bmatrix} X_{21} & X_{22} \\ -X_{11} & -X_{12} \end{bmatrix}$$ より.

問 1.9　1)　$\mathfrak{sl}(m, \mathbf{C})$ がイデアルであること：$X \in \mathfrak{sl}(m, \mathbf{C}), Y \in \mathfrak{gl}(m, \mathbf{C})$ に対し, $\mathrm{Tr}(XY) = \mathrm{Tr}(YX)$ より, $\mathrm{Tr}([X, Y]) = \mathrm{Tr}(XY - YX) = 0$. よって, $[X, Y] \in \mathfrak{sl}(m, \mathbf{C})$.

2)　$\mathfrak{o}(m, \mathbf{C})$ が $\mathfrak{gl}(m, \mathbf{C})$ のイデアルではないこと：$m = 2$ の場合を示す.

$X = \begin{bmatrix} 0 & 1 \\ -1 & 0 \end{bmatrix} \in \mathfrak{o}(2, \mathbf{C})$, $Y = \begin{bmatrix} 2 & 0 \\ 0 & 1 \end{bmatrix} \in \mathfrak{gl}(2, \mathbf{C})$ に対し,

$$[X, Y] = \begin{bmatrix} 0 & -1 \\ -1 & 0 \end{bmatrix} \notin \mathfrak{o}(2, \mathbf{C}).$$

問 2.1　$\mathfrak{sl}(2, \mathbf{C})$ の元 $e_1 = \begin{bmatrix} 1 & 0 \\ 0 & -1 \end{bmatrix}, e_2 = \begin{bmatrix} 0 & 1 \\ 0 & 0 \end{bmatrix}, e_3 = \begin{bmatrix} 0 & 0 \\ 1 & 0 \end{bmatrix}$, および

$\mathfrak{o}(3, \mathbf{C})$ の元　$f_1 = \begin{bmatrix} 0 & -2i & 0 \\ 2i & 0 & 0 \\ 0 & 0 & 0 \end{bmatrix}, f_2 = \begin{bmatrix} 0 & 0 & -1 \\ 0 & 0 & -i \\ 1 & i & 0 \end{bmatrix}, f_3 = \begin{bmatrix} 0 & 0 & 1 \\ 0 & 0 & -i \\ -1 & i & 0 \end{bmatrix}$

は, それぞれ基底となっているから, $f : \mathfrak{sl}(2, \mathbf{C}) \to \mathfrak{o}(3, \mathbf{C})$ は線形同型写像である.

$$[e_2, e_3] = \begin{bmatrix} 0 & 1 \\ 0 & 0 \end{bmatrix}\begin{bmatrix} 0 & 0 \\ 1 & 0 \end{bmatrix} - \begin{bmatrix} 0 & 0 \\ 1 & 0 \end{bmatrix}\begin{bmatrix} 0 & 1 \\ 0 & 0 \end{bmatrix} = \begin{bmatrix} 1 & 0 \\ 0 & -1 \end{bmatrix} = e_1,$$

$$[f_2, f_3] = \begin{bmatrix} 0 & 0 & -1 \\ 0 & 0 & -i \\ 1 & i & 0 \end{bmatrix}\begin{bmatrix} 0 & 0 & 1 \\ 0 & 0 & -i \\ -1 & i & 0 \end{bmatrix} - \begin{bmatrix} 0 & 0 & 1 \\ 0 & 0 & -i \\ -1 & i & 0 \end{bmatrix}\begin{bmatrix} 0 & 0 & -1 \\ 0 & 0 & -i \\ 1 & i & 0 \end{bmatrix}$$

$$= \begin{bmatrix} 1 & -i & 0 \\ i & 1 & 0 \\ 0 & 0 & 2 \end{bmatrix} - \begin{bmatrix} 1 & i & 0 \\ -i & 1 & 0 \\ 0 & 0 & 2 \end{bmatrix} = \begin{bmatrix} 0 & -2i & 0 \\ 2i & 0 & 0 \\ 0 & 0 & 0 \end{bmatrix} = f_1$$

であるが，$f([e_2, e_3]) = f(e_1) = f_1 = [f(e_2), f(e_3)]$ である．他も同様で，f はリー代数の同型写像となる．

問 2.2 $T^{-1}(XY - YX)T = T^{-1}XTT^{-1}YT - T^{-1}YTT^{-1}XT$.

問 3.1 $[k_1X_1 + k_2X_2, Y] = k_1[X_1, Y] + k_2[X_2, Y]$.

問 3.2 $[[X, Y], Z] = (XY - YX)Z - Z(XY - YX)$

$= X(YZ - ZY) - (YZ - ZY)X - \{Y(XZ - ZX) - (XZ - ZX)Y\}$.

問 3.3 $Y = \begin{bmatrix} p & q \\ r & s \end{bmatrix} = pE_{11} + qE_{12} + rE_{21} + sE_{22} = {}^t[p, q, r, s]$ として，

$$\mathrm{ad}(X)(Y) = [X, Y] = \begin{bmatrix} a & b \\ c & d \end{bmatrix}\begin{bmatrix} p & q \\ r & s \end{bmatrix} - \begin{bmatrix} p & q \\ r & s \end{bmatrix}\begin{bmatrix} a & b \\ c & d \end{bmatrix}$$

$$= \begin{bmatrix} br - cq & -bp + (a-d)q + bs \\ cp + (d-a)r - cs & cq - br \end{bmatrix}.$$

よって，

$$\begin{bmatrix} br - cq \\ -bp + (a-d)q + bs \\ cp + (d-a)r - cs \\ cq - br \end{bmatrix} = \begin{bmatrix} 0 & -c & b & 0 \\ -b & a-d & 0 & b \\ c & 0 & d-a & -c \\ 0 & c & -b & 0 \end{bmatrix}\begin{bmatrix} p \\ q \\ r \\ s \end{bmatrix}$$

問 3.4 ～ 3.8 問 3.3 と同様だから省略．

問 3.9 $[T^{-1}XT, T^{-1}ZT] = T^{-1}XTT^{-1}ZT - T^{-1}ZTT^{-1}XT$

$= T^{-1}(XZ - ZX)T$.

問 3.10　問 3.3 より，

$$\mathrm{ad}(X)=\begin{bmatrix}0 & -c & b & 0\\ -b & a-d & 0 & b\\ c & 0 & d-a & -c\\ 0 & c & -b & 0\end{bmatrix},\quad \mathrm{ad}(Y)=\begin{bmatrix}0 & -r & q & 0\\ -q & p-s & 0 & q\\ r & 0 & s-p & -r\\ 0 & r & -q & 0\end{bmatrix}$$

$\mathrm{ad}(X)\,\mathrm{ad}(Y)$

$$=\begin{bmatrix}br+cq & * & * & *\\ * & (a-d)(p-s)+2br & * & *\\ * & * & (a-d)(p-s)+2cq & *\\ * & * & * & br+cq\end{bmatrix}$$

よって，

$$B(X,Y)=\mathrm{Tr}(\mathrm{ad}(X)\,\mathrm{ad}(Y))=2ap+2ds-2as-2dp+4br+4cq.$$

問 3.11 ～ 3.14　問 3.10 と同様だから省略.

問 3.15　$Z=[\,z_{ij}\,]$, $X=[\,x_{ij}\,]$, $X^2Z=[\,y_{ij}\,]$ とすると，$y_{ij}=\sum_{k,l}x_{ik}x_{kl}z_{lj}$ だから，Z を X^2Z へ写す線形写像を表す m^2 次正方行列の m^2 個の対角成分は，

$$\sum_k x_{1k}x_{k1},\quad \sum_k x_{1k}x_{k1},\quad \cdots,\quad \sum_k x_{1k}x_{k1},\quad \sum_k x_{2k}x_{k2},\quad \cdots,\quad \sum_k x_{mk}x_{km}$$

となる．よってトレースは

$$\sum_i m\sum_k x_{ik}x_{ki}=m\sum_i\sum_k x_{ik}x_{ki}=m\,\mathrm{Tr}(X^2)\,.$$

XZX, ZX^2 についても同様の計算.

問 3.16　$\mathfrak{g}$ の基底 $v_1,\cdots,v_n$ を，$v_1,\cdots,v_r$ （$r<n$）が $\mathfrak{h}$ の基底となるようにとる．$X\in\mathfrak{h}$ ならば，$\mathrm{ad}(X)(Y)\in\mathfrak{h}$, $\forall\,Y\in\mathfrak{g}$. よって，$\mathrm{ad}(X)\,(\in\mathfrak{gl}(n,\mathbf{C}))$ を表す n 次の正方行列の第 k 行（$k>r$）の成分はすべて 0 となる．したがって，$X, Y\in\mathfrak{h}$ ならば，$\mathrm{Tr}(\mathrm{ad}(X)\,\mathrm{ad}(Y))$ は，$\mathfrak{h}$ で考えても，$\mathfrak{g}$ で考えても等しくなる．

問 4.1　$\begin{bmatrix}p & q\\ r & -p\end{bmatrix}\begin{bmatrix}a & 0\\ 0 & -a\end{bmatrix}=\begin{bmatrix}a & 0\\ 0 & -a\end{bmatrix}\begin{bmatrix}p & q\\ r & -p\end{bmatrix}$ とすると，

$$\begin{bmatrix} ap & -aq \\ ar & ap \end{bmatrix} = \begin{bmatrix} ap & aq \\ -ar & ap \end{bmatrix}$$ より，$a \neq 0$ ならば，$q = r = 0$.

問 4.2 いずれも極大可換である．$\mathfrak{h}_1$ についてそれを示そう．

$$[\begin{bmatrix} 0 & b \\ 0 & 0 \end{bmatrix}, \begin{bmatrix} p & q \\ r & -p \end{bmatrix}] = \begin{bmatrix} br & -2bp \\ 0 & -br \end{bmatrix}$$

より，可換な元は $p = r = 0$ に限る．他も同様であるから，カルタン部分代数であるかは，$H \in \mathfrak{h}_i$ に対し，$\mathrm{ad}(H)$ が対角化可能かどうかを調べればよい．行列が対角化可能であるための条件は，固有値がすべて異なっているか，重複していても，固有空間の次元が重複度に等しいことであるという線形代数の定理を思いだそう．問 3.5 より，$\mathrm{ad}(\begin{bmatrix} 0 & b \\ 0 & 0 \end{bmatrix}) = \begin{bmatrix} 0 & 0 & b \\ -2b & 0 & 0 \\ 0 & 0 & 0 \end{bmatrix}$ となるが，その固有値は 0 のみで，固有空間は 1 次元となり，$\mathfrak{h}_1$ は対角化不可能.

$$\mathrm{ad}(\begin{bmatrix} 0 & b \\ b & 0 \end{bmatrix}) = \begin{bmatrix} 0 & -b & b \\ -2b & 0 & 0 \\ 2b & 0 & 0 \end{bmatrix}$$ となるが，その固有値は $0, 2b, -2b$ と互いに異なるので，$\mathfrak{h}_3$ は対角化可能. $\mathfrak{h}_2, \mathfrak{h}_4, \mathfrak{h}_5$ についても同様にすればよい.

問 5.1 次数が大きくても同様だから，3 次の行列に対して示す.

$a \neq b \neq c \neq a$ とする．$A = \begin{bmatrix} a & 0 & 0 \\ 0 & b & 0 \\ 0 & 0 & c \end{bmatrix}$, $B = \begin{bmatrix} p & q & r \\ s & t & u \\ v & w & x \end{bmatrix}$ に対し，

$$0 = [A, B]\,(= AB - BA\,) = \begin{bmatrix} 0 & (a-b)q & (a-c)r \\ (b-a)s & 0 & (b-c)u \\ (c-a)v & (c-b)w & 0 \end{bmatrix}$$

をみたすのは，$q = r = s = u = v = w = 0$.

問 5.2 問 5.1 と同様.

問 5.3 $[H, X] = \left[\begin{bmatrix} a & 0 & 0 \\ 0 & b & 0 \\ 0 & 0 & -a-b \end{bmatrix}, \begin{bmatrix} p & q & r \\ s & t & u \\ v & w & -p-t \end{bmatrix}\right]$

$$= \begin{bmatrix} 0 & (a-b)q & (2a+b)r \\ (-a+b)s & 0 & (a+2b)u \\ (-2a-b)v & (-a-2b)w & 0 \end{bmatrix}.$$

よって，

$$\mathrm{ad}(H) = \begin{bmatrix} 0 & & & & & & & \text{\Large 0} \\ & a-b & & & & & & \\ & & 2a+b & & & & & \\ & & & b-a & & & & \\ & & & & 0 & & & \\ & & & & & a+2b & & \\ \text{\Large 0} & & & & & & -2a-b & \\ & & & & & & & -a-2b \end{bmatrix}.$$

問 5.4 $[H, X] = \left[\begin{bmatrix} 0 & 0 & 0 & 0 & 0 \\ 0 & a & 0 & 0 & 0 \\ 0 & 0 & b & 0 & 0 \\ 0 & 0 & 0 & -a & 0 \\ 0 & 0 & 0 & 0 & -b \end{bmatrix}, \begin{bmatrix} 0 & p & q & r & s \\ -r & t & u & 0 & x \\ -s & v & w & -x & 0 \\ -p & 0 & y & -t & -v \\ -q & -y & 0 & -u & -w \end{bmatrix}\right]$

$$= \begin{bmatrix} 0 & -ap & -bq & ar & bs \\ -ar & 0 & (a-b)u & 0 & (a+b)x \\ -bs & (-a+b)v & 0 & (-a-b)x & 0 \\ ap & 0 & (-a-b)y & 0 & (a-b)v \\ bq & (a+b)y & 0 & (-a+b)u & 0 \end{bmatrix}$$

より，ad(H) が題意の式の形となる．

問 5.5 $\left[\begin{bmatrix} a & & & \text{\Large 0} \\ & b & & \\ & & -a & \\ \text{\Large 0} & & & -b \end{bmatrix}, \begin{bmatrix} p & q & t & u \\ r & s & u & v \\ w & x & -p & -r \\ x & y & -q & -s \end{bmatrix}\right]$

$$= \begin{bmatrix} 0 & (a-b)\,q & 2at & (a+b)\,u \\ (-a+b)\,r & 0 & (a+b)\,u & 2bv \\ -2aw & (-a-b)\,x & 0 & (a-b)\,r \\ (-a-b)\,x & -2by & (-a+b)\,q & 0 \end{bmatrix}.$$

問 6.1 $H = \begin{bmatrix} h_1 & & 0 \\ & \ddots & \\ 0 & & h_m \end{bmatrix}$, $\sum_{i=1}^{m} h_i = 0$, $t_{\gamma_i} = \sum_{j=1}^{m} a_j E_{jj} \in \mathfrak{h}$, $\sum_{j=1}^{m} a_j = 0$

とおくと，$B(t_{\gamma_i}, H) = 2m\,\mathrm{Tr}(t_{\gamma_i} H) = 2m \sum_{j=1}^{m} a_j h_j$ だから，$B(t_{\gamma_i}, H) = \gamma_i(H)$ より，$2m \sum_{j=1}^{m} a_j h_j = h_i$ を得る．ここで $h_j = 1$，$h_k = 0$（$k \neq j$, $1 \leq j \leq m-1$）とすると，$h_m = -1$. $j \neq i$ ならば，$a_j - a_m = 0$. $j = i$ ならば，$2m(a_i - a_m) = 1$ となる．$\sum_{j=1}^{m} a_j = 0$ に代入して，

$$a_j = -\frac{1}{2m^2} \qquad (j \neq i,\ 1 \leq j \leq m), \qquad a_i = \frac{m-1}{2m^2}$$

となる．

問 7.1 $\mathfrak{g} = \mathfrak{sl}(3, \mathbf{C})$ の実カルタン部分代数 $\mathfrak{h}_{\mathbf{R}}$ のキリング形式による内積 B は $B(X, Y) = 6\,\mathrm{Tr}(X, Y)$ として与えられる．$B(\boldsymbol{v}_i, \boldsymbol{v}_i) = 1$（$i = 1, 2$），$B(\boldsymbol{v}_1, \boldsymbol{v}_2) = 0$ は簡単な計算でできる．

問 7.2 $t_{\alpha_{12}} = \begin{bmatrix} 1/6 & 0 & 0 \\ 0 & -1/6 & 0 \\ 0 & 0 & 0 \end{bmatrix}$

$$= \frac{\sqrt{3}}{6} \begin{bmatrix} \sqrt{3}/6 & 0 & 0 \\ 0 & 0 & 0 \\ 0 & 0 & -\sqrt{3}/6 \end{bmatrix} - \frac{1}{2} \begin{bmatrix} -1/6 & 0 & 0 \\ 0 & 1/3 & 0 \\ 0 & 0 & -1/6 \end{bmatrix}$$

などの計算をすればよい．

問 7.3 答は，立方八面体と呼ばれる，立方体の各辺の中点を結んだ（正八面体の各辺の中点を結んでもよい）準正多面体（十四面体）となる．その面は 6 個の正方形と 8 個の正三角形から成る．詳しくは読者の研究課題とする．

問 7.4　$\mathfrak{o}(5, \mathbf{C})$ の実カルタン部分代数 $\mathfrak{h}_{\mathbf{R}}$ の正規直交基底は

$$\boldsymbol{v}_1 = \frac{1}{\sqrt{6}}\begin{bmatrix} 0 & & & & \Large 0 \\ & 1 & & & \\ & & 0 & & \\ & & & -1 & \\ \Large 0 & & & & 0 \end{bmatrix}, \qquad \boldsymbol{v}_2 = \frac{1}{\sqrt{6}}\begin{bmatrix} 0 & & & & \Large 0 \\ & 0 & & & \\ & & 1 & & \\ & & & 0 & \\ \Large 0 & & & & -1 \end{bmatrix}$$

となる．コルート系 Φ は，次の 8 個のベクトルである：

$$\frac{1}{\sqrt{6}}\boldsymbol{v}_1, \quad -\frac{1}{\sqrt{6}}\boldsymbol{v}_1, \quad \frac{1}{\sqrt{6}}\boldsymbol{v}_2, \quad -\frac{1}{\sqrt{6}}\boldsymbol{v}_2, \quad \frac{1}{\sqrt{6}}(\boldsymbol{v}_1 - \boldsymbol{v}_2),$$

$$\frac{1}{\sqrt{6}}(\boldsymbol{v}_2 - \boldsymbol{v}_1), \quad \frac{1}{\sqrt{6}}(\boldsymbol{v}_1 + \boldsymbol{v}_2), \quad -\frac{1}{\sqrt{6}}(\boldsymbol{v}_1 + \boldsymbol{v}_2).$$

図示すると，右のようになる．

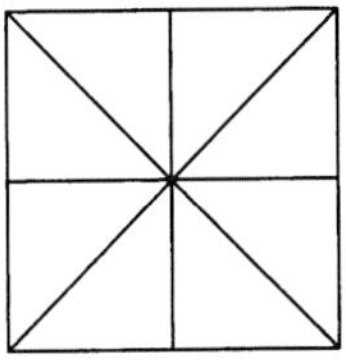

$\mathfrak{o}(7, \mathbf{C})$ のコルート系は，立方八面体の 12 個の頂点と 6 個の正方形の面の中心の点となる．

問 7.5　立方八面体の 12 個の頂点で，$\mathfrak{sl}(4, \mathbf{C})$ のコルート系と同型である．

問 7.6　正八面体の 6 個の頂点と，12 本の辺の中点である．

問 8.1　E_6, F_4, G_2 のカルタン行列はそれぞれ次のようになる：

$$\begin{bmatrix} 2 & 0 & -1 & 0 & 0 & 0 \\ 0 & 2 & 0 & -1 & 0 & 0 \\ -1 & 0 & 2 & -1 & 0 & 0 \\ 0 & -1 & -1 & 2 & -1 & 0 \\ 0 & 0 & 0 & -1 & 2 & -1 \\ 0 & 0 & 0 & 0 & -1 & 2 \end{bmatrix}, \quad \begin{bmatrix} 2 & -1 & 0 & 0 \\ -1 & 2 & -2 & 0 \\ 0 & -1 & 2 & -1 \\ 0 & 0 & -1 & 2 \end{bmatrix}, \quad \begin{bmatrix} 2 & -1 \\ -3 & 2 \end{bmatrix}.$$

問 9.1 $\begin{bmatrix} a & b \\ 0 & c \end{bmatrix}\begin{bmatrix} x \\ 0 \end{bmatrix} = \begin{bmatrix} ax \\ 0 \end{bmatrix}$ だから，$V = \{\begin{bmatrix} x \\ 0 \end{bmatrix} ; x \in \mathbf{C}\}$ は不変な部分空間である．これ以外に不変な部分空間はないので，既約な表現の直和とはならない．

問 9.2 $\begin{bmatrix} h_1 & & 0 \\ & \ddots & \\ 0 & & h_m \end{bmatrix}\begin{bmatrix} x_1 \\ \vdots \\ x_m \end{bmatrix} = \begin{bmatrix} h_1 x_1 \\ \vdots \\ h_m x_m \end{bmatrix}$ より．

問 9.3 $\mathfrak{sl}(2, \mathbf{C})$ のカルタン部分代数は，$\mathfrak{h} = \{\begin{bmatrix} h & 0 \\ 0 & -h \end{bmatrix} ; h \in \mathbf{C}\}$ で，

$f(\begin{bmatrix} h & 0 \\ 0 & -h \end{bmatrix}) = \begin{bmatrix} 0 & -2ih & 0 \\ 2ih & 0 & 0 \\ 0 & 0 & 0 \end{bmatrix}$ である．$\begin{bmatrix} 0 & -2ih & 0 \\ 2ih & 0 & 0 \\ 0 & 0 & 0 \end{bmatrix}$ の固有値は，$2h, 0, -2h$ で，それぞれの固有ベクトルは，${}^t[-i, 1, 0], {}^t[0, 0, 1], {}^t[1, -i, 0]$ なので $\mathfrak{h}$ の元によらず，同時固有ベクトルである．よって，ウェイトは $2\lambda_1, 0, -2\lambda_1$ である．

問 9.4 反傾表現のウェイトは，恒等表現のウェイトの -1 倍，すなわち $-\lambda_1, -\lambda_2, -\lambda_3$ である．$-\lambda_1 < -\lambda_2 < -\lambda_3$ だから，最高ウェイトは，$-\lambda_3 = \omega_2$．

問 10.1 $\mathfrak{sl}(2, \mathbf{C})$ の基底 H, E, F（本文§6の最後または87ページ参照）は，他の元の交換子積で書けたから，すべての $\mathfrak{sl}(2, \mathbf{C})$ の元 X は，$X = [Y, Z]$，$Y, Z \in \mathfrak{sl}(2, \mathbf{C})$ と書ける．$f : \mathfrak{sl}(2, \mathbf{C}) \to \mathfrak{gl}(1, \mathbf{C}) \cong \mathbf{C}$ を勝手な1次元表現とすると，$\mathbf{C}$ は可換だから，

$$f(X) = f([Y, Z]) = [f(Y), f(Z)] = 0.$$

一般のリー代数 $\mathfrak{g}$ でも，交換子積全体 $[\mathfrak{g}, \mathfrak{g}]$ はイデアルであるが，$\mathfrak{g}$ が単純ならば，（$\{0\}$ でないイデアルなので）全体 $\mathfrak{g}$ と一致し，半単純の場合にも一致することがわかる．よって半単純リー代数の1次元表現は自明なものだけとなる．

問 10.2 $S=\begin{bmatrix} -1/\sqrt{2} & 0 & 1/\sqrt{2} \\ -i/\sqrt{2} & 0 & -i/\sqrt{2} \\ 0 & \sqrt{2} & 0 \end{bmatrix}$, $T=\begin{bmatrix} 0 & 1 & 0 \\ -1 & 0 & 0 \\ 1 & 0 & 1 \end{bmatrix}$ とおくと,

$$S^{-1}\begin{bmatrix} 0 & -2ia & -b+c \\ 2ia & 0 & -ib-ic \\ b-c & ib+ic & 0 \end{bmatrix}S=\begin{bmatrix} 2a & 2b & 0 \\ c & 0 & b \\ 0 & 2c & -2a \end{bmatrix},$$

$$T^{-1}\begin{bmatrix} 0 & -c & b \\ -2b & 2a & 0 \\ 2c & 0 & -2a \end{bmatrix}T=\begin{bmatrix} 2a & 2b & 0 \\ c & 0 & b \\ 0 & 2c & -2a \end{bmatrix}.$$

問 10.3 f は表現だから, $[\tilde{E}, \tilde{F}]=\tilde{H}$, $[\tilde{H}, \tilde{E}]=2\tilde{E}$, $[\tilde{H}, \tilde{F}]=-2\tilde{F}$ である. よって, $n=1$ のとき命題は成立している. 命題が $n-1$ まで成立しているとして, (1) と (3) を示そう. (2) と (4) の証明もまったく同様である.

$$\begin{aligned}[\tilde{H}, \tilde{E}^n] &= [\tilde{H}, \tilde{E}^{n-1}]\tilde{E}+\tilde{E}^{n-1}[\tilde{H}, \tilde{E}] \\ &= 2(n-1)\tilde{E}^{n-1}\tilde{E}+\tilde{E}^{n-1}\cdot 2\tilde{E}=2n\tilde{E}^n.\end{aligned}$$

また, $\tilde{H}\tilde{F}=\tilde{F}\tilde{H}-2\tilde{F}$ だから,

$$\begin{aligned}[\tilde{E}, \tilde{F}^n] &= [\tilde{E}, \tilde{F}^{n-1}]\tilde{F}+\tilde{F}^{n-1}[\tilde{E}, \tilde{F}] \\ &= \{(n-1)\tilde{F}^{n-2}\tilde{H}-(n-1)(n-2)\tilde{F}^{n-2}\}\tilde{F}+\tilde{F}^{n-1}\tilde{H} \\ &= (n-1)\tilde{F}^{n-2}(\tilde{F}\tilde{H}-2\tilde{F})-(n-1)(n-2)\tilde{F}^{n-1}+\tilde{F}^{n-1}\tilde{H} \\ &= n\tilde{F}^{n-1}\tilde{H}-n(n-1)\tilde{F}^{n-1}.\end{aligned}$$

あとがき

これまで，半単純複素リー代数の構造とその表現について，線形代数の基礎理論のみを用いて議論を進めてきた．リー代数とは，正方行列全体の集合の中で，交換子積に関して閉じているものであった．もともとリー代数は，リー群の単位元の無限小近傍の線形近似として考えられた．ここで，リー群とは，多様体の構造を備えた群のことで，初期のころには，連続群と呼ばれていたものである．

リー群およびその表現は，世の中のさまざまな現象の対称性を記述し，ものごとの数学的構造の本質を見抜くための重要な道具となっており，素粒子物理学においても，ゲージ理論，大統一理論などにおいて根本的役割をはたしている．リー代数の交換子積は，群の非可換性を無限小において表すものであるが，驚くべきことに，無限小を見ているだけのリー代数の構造とその表現が，大域的なリー群とその表現を(ほとんど)決定してしまうのである．

実際(リーによる)次の定理が成立する．

定理　2つのリー群の同型は対応するリー代数の同型を導くが，逆に，リー代数の同型は，対応するリー群の局所同型を導く．特に，2つのリー群がともに単連結ならば，リー代数の同型は対応するリー群の(大域的)同型を導く．

実数体を基礎体にして，実リー代数，実リー群が定義される．実数を複素数の一部と考えることにより，実リー代数の複素化が自然に定義され，このとき，実リー代数を(複素)リー代数の実形と呼ぶ．実リー群と(複素)リー群のそれぞれのリー代数がこの対応にあるとき，(複素)リー群を実リー群の複素化そして実リー群を(複素)リー群の実形という.

対応するリー代数が半単純のとき，リー群は半単純であるというが，半単純(複素)リー群は，つねに本質的にただ1つのコンパクト実形をもつというのが，ワイルの定理である．リー群 $SL(n, \mathbf{C})$ の実形は，$SL(n, \mathbf{R})$, $SU(p, n-p)$ などであるが，コンパクトなものは，$SU(n)$ である.

リー代数とリー群の表現に関して，ワイルによる次の結果がある.

G をリー群，$G_{\mathbf{R}}$ をその1つの実形，$\mathfrak{g}$, $\mathfrak{g}_{\mathbf{R}}$ をそれぞれのリー代数とする.

定理　p を自然数とする．リー群 G が単連結という仮定の下で次のものはすべて自然に1対1に対応する.

(1)　リー代数 $\mathfrak{g}$ の p 次元表現

(2)　リー代数 $\mathfrak{g}_{\mathbf{R}}$ の p 次元表現

(3)　リー群 G の p 次元表現

(4)　リー群 $G_{\mathbf{R}}$ の p 次元表現.

リー群 $SL(n, \mathbf{C})$ は単連結であるから，上の定理が適用され，リー代数 $\mathfrak{sl}(n, \mathbf{C})$ の表現とコンパクトリー群 $SU(n)$ の表現が1対1に対応する.

上の2つの定理からも，リー代数の議論が，いかにリー群論において，本質的な部分に寄与しているかがわかるであろう．線形なリー代数は，曲がった空間であるリー群より，ずっと取り扱いが簡単であり，計算可能なものである.

現在，数学者，数理物理学者の研究対象は，無限次元のリー代数とリー群，あるいはリー代数とリー群を量子化したものに広がっており，そこでも新しい興味ある結果が次々と生まれてきつつある.

この小さな本を読み終えた読者は，リー代数とリー群の大事なところをマスターしたと胸を張っていってよいであろう．それでも不安な場合は，次にあげる関連図書のいくつかをひき続き読んでほしい．上のリーによる定理は

たとえば関連図書 [8] に，ワイルの結果は関連図書 [3] に詳しく説明されている．

関連図書

[1] 江沢　洋，島　和久：群と表現，岩波講座応用数学，岩波書店(1994)．

[2] 吉川圭二：群と表現，理工系の基礎数学，岩波書店(1996)．

[3] 小林俊行，大島利雄：Lie 群と Lie 環 1,2，現代数学の基礎，岩波書店(1999)．

[4] 佐武一郎：線型代数学，裳華房(1974)．

[5] 佐武一郎：リー環の話，日本評論社(1987)．

[6] 佐藤　光：群と物理，丸善(1993)．

[7] 島　和久：連続群とその表現，応用数学叢書，岩波書店(1981)．

[8] 杉浦光夫：リー群論，共立出版(2000)．

[9] 竹内外史：リー代数と素粒子論，裳華房(1983)．

[10] 東郷重明：リー代数，槇書店(1983)．

[11] ブルバキ：リー群とリー環 3，東京図書(1970)

[12] 松島与三：リー環論，共立出版(1956)．

[13] 山内恭彦，杉浦光夫：連続群論入門，培風館(1960)．

索　引

欧 字

Ad(T)　11
ad(X)　14
$B(X, Y)$　18
c_{ij}　69
$c_{\mu\alpha}$　80
$\mathfrak{g}_\alpha$　31
$\mathfrak{gl}(\mathfrak{g})$　14
$\mathfrak{gl}(m, \mathbf{C})$　2
$\mathcal{H}_3$　5
$\mathfrak{o}(m, \mathbf{C})$　6
rank(J)　13
$\mathfrak{sl}(m, \mathbf{C})$　6
$\mathfrak{sp}(m, \mathbf{C})$　7
$\mathcal{T}_3$　5
t_γ　45
Tr(X)　6
Φ　45
$\triangle$　30
$\triangle(f)$　77

あ 行

α 系列　α series
　β を含むルートの――　―― containing β　50
　λ を含むウェイトの――　―― containing λ　79
一般線形群　general linear group　2
イデアル　ideal　7
ウェイト　weight　76
　――の基本系　fundamental system of ――s　82
　――の固有空間　eigenspace of ――　77
上三角代数　upper triangular algebra　6

か 行

階数　rank　27
可換なリー代数　commutative Lie algebra, abelian Lie algebra　5
カルタン　Cartan
　――行列　―― matrix　69
　――数　―― number　79
　――整数　―― integer　49
　――部分代数　―― subalgebra　25
完全可約　completely reducible　75
基本ウェイト　fundamental weight　82
基本既約表現　fundamental irreducible representation　84
基本系　fundamental system　64, 68
既約な表現　irreducible representation　75
逆ルート　inverse root　iv
極大可換部分代数　maximal abelian subalgebra　25

キリング形式　Killing form　18
原始ベクトル　primitive vector　89
交換子積　commutator, bracket　2
交代行列　alternate matrix　13
恒等表現　identity representation　77
古典型半単純リー代数　classical semisimple Lie algebra　24
コルート　coroot　45
——系　—— system　45

さ　行

最高ウェイト　maximal weight　80
次元　dimension　3
辞書式順序　lexicographic order　65
次数　degree　74
実カルタン部分代数　real Cartan subalgebra　52
支配的な形式　dominant form　81
自明な表現　trivial representation　74
斜交リー代数　symplectic Lie algebra　7
準同型写像　homomorphism　10
シンプレクティック リー代数　symplectic Lie algebra　7
随伴表現　adjoint representation　15
スピン表現　spin representation　85
整形式　integral form　80
双対実カルタン部分代数　dual real Cartan subalgebra　64
双対ルート　dual root　iv

た　行

対角行列　diagonal matrix　5
対称行列　symmetrix matrix　13
単純リー代数　simple Lie algebra　22
単純ルート　simple root　66
直和　direct sum　8
直交リー代数　orthogonal Lie algebra　6
ディンキン図形　Dynkin diagram　71
テンソル積表現　tensor product representation　84
同型　isomorphic　10
同型写像　isomorphism　10
同時対角化可能　simultaneously diagonalizable　29
同値　equivalent　74
特殊線形リー代数　special linear Lie algebra　6
トレース　trace　6

は　行

ハイゼンベルグリー代数　Heisenberg Lie algebra　5
反傾表現　contragredient representation　85
半単純リー代数　semisimple Lie algebra　22
表現　representation　15, 74
——空間　—— space　74
不変な部分空間　invariant subspace　75
部分リー代数　subalgebra (of Lie algebra)　3
ブラケット積　bracket　2

や　行

ヤコビの恒等式　Jacobi identity　2

ら　行

立方八面体　cuboctahedron　98
リー環　Lie algebra　3
リー代数　Lie algebra　3
ルート　root　28
　——分解　—— decomposition　31
　——系　—— system　30
例外型リー代数　exceptional Lie algebra　25

著者略歴

佐藤（さとう）　肇（はじめ）

1968年　東京大学大学院理学研究科修士課程修了

現在　名古屋大学名誉教授　理学博士

リー代数入門 ―線形代数の続編として―

2000年10月25日　第1版発行
2006年6月20日　第5版発行
2024年5月30日　第5版6刷発行

検印省略

定価はカバーに表示してあります．

著作者	佐藤　肇
発行者	吉野和浩
発行所	東京都千代田区四番町8-1 電話 03-3262-9166 株式会社 裳華房
印刷製本	株式会社デジタルパブリッシングサービス

増刷表示について
2009年4月より「増刷」表示を「版」から「刷」に変更いたしました．詳しい表示基準は弊社ホームページ
http://www.shokabo.co.jp/
をご覧ください．

一般社団法人
自然科学書協会会員

ISBN 978-4-7853-1523-8